Controller und IFRS:
Konsequenzen für die Controlleraufgaben durch die Finanzberichterstattung nach IFRS

Weißbuch der IGC-Arbeitsgruppe „Controller und IFRS"

International Group of Controlling (Hrsg.)

Prof. Dr. Barbara E. Weißenberger (Schriftleitung)

Haufe Mediengruppe
Freiburg • Berlin • München

Bibliografische Information Der Deutschen Bibliothek

Die Deutsche Bibliothek verzeichnet diese Publikation in der Deutschen Nationalbibliografie; detaillierte bibliografische Daten sind im Internet über http://dnb.dbb.de abrufbar

ISBN 3-448-07539-6   Bestell-Nr. 01401-0017

1. Auflage 2006

© Rudolf Haufe Verlag, Freiburg i. Br. 2006

Redaktion: Michael Bernhard

Umschlag: Deyhledesign, Agentur für Grafik und Design, 82131 Gauting
Satz: reemers publishing services gmbh, 47799 Krefeld
Druck: Stückle Druck und Verlag, 77955 Ettenheim

Zur Herstellung dieses Buches wurde alterungsbeständiges Papier verwendet.

Geleitwort

Die mutige Entscheidung der EU-Kommission, ab Anfang 2005 grundsätzlich von allen an Börsen der 25 Mitgliedstaaten notierten Gesellschaften einen Konzernabschluss nach IAS/IFRS zu verlangen, hat das Rechnungswesen vieler Unternehmen – wieder einmal – vor erhebliche Herausforderungen gestellt. Das gilt in gleichem Maße für all jene nicht gelisteten Gesellschaften, die in ihrer Rechenschaftslegung keine Imagenachteile hinnehmen wollen und von dem Wahlrecht zur Aufstellung eines IAS/IFRS-Konzernabschlusses Gebrauch machen.

Was Entscheidungsrelevanz und Transparenz anlangt, strebt die Rechnungslegung nach IAS/IFRS nach höchster Qualität. So ist es die Zielsetzung des IASB,

„(a) to develop in the public interest, a single set of high quality, understandable and enforceable global accounting standards that require high quality, transparent and comparable information in financial statements and other financial reporting to help participants in the world's capital markets and other users make sound economic decisions;

(b) to promote the use and rigorous application of those standards;

(c) in fulfilling the objectives associated with (a) and (b), to take account of, as appropriate, the special needs of small and medium-sized entities and emerging economies; and

(d) to bring about convergence of national accounting standards and International Accounting Standards and International Financial Reporting Standards to high quality solutions " (IASC Foundation Constitution, Part A.2).

Der Rückgriff der IFRS auf interne Planungs- und Berichtssysteme (management approach) und das gleichzeitige Zusammenwachsen von externer und interner Rechnungslegung (integrierte Rechnungslegung) führt zur Relevanz der IFRS auch für den Controllerbereich. Insofern liegt eine immense Chance der Umstellung auf IFRS darin, den Controllerbereich gleichzeitig neu auszurichten. Die stärkere Fokussierung der dort eingesetzten Planungs- und Berichtssysteme auf die IFRS erhöht

1. die Aussagekraft der IFRS als Instrument der externen Publizität und

2. trägt durch eine sinnvolle Integration der Rechnungslegung auch zur verbesserten Unterstützung von Managementprozessen durch den Controllerbereich bei.

Deshalb sehe ich in diesem Weißbuch einen Beitrag zur Verbreitung und Durchsetzung der IFRS nicht nur aus Investorperspektive, sondern auch aus dem Controllerbereich heraus.

Prof. Dr. Hans-Georg Bruns
Liaison Board Member (Germany)
International Accounting Standards Board, London

Vorwort

Zielsetzung der International Group of Controlling (IGC) ist die Profilierung des Berufs- und Rollenbildes des Controllers und die Abstimmung und Weiterentwicklung einer übereinstimmend getragenen Controllingkonzeption sowie einer einheitlichen Controllingterminologie. Im Zuge dieser Zielsetzung beschäftigt sich die IGC auch mit der Auswirkung des neuen IFRS-Bilanzierungsstandards auf die Controllerfunktion.

In diesem Kontext befasste sich die IGC-Arbeitsgruppe „Controller und IFRS" unter der Leitung von Frau Professor Dr. Barbara E. Weißenberger, Justus-Liebig-Universität Gießen, mit den neuen Herausforderungen für den Controllerbereich, die sich durch die Anwendung der IFRS als investororientiertem Rechnungslegungsstandard ergeben. Die Mitglieder der Arbeitsgruppe repräsentieren dabei unterschiedliche Kompetenzgruppen in Rechnungslegung und Controlling im deutschsprachigen Raum. Die Ergebnisse ihrer Überlegungen sind in dem vorliegenden Weißbuch zusammengefasst.

Ein wesentliches Merkmal der Rechnungslegung nach IFRS ist das Bestreben nach einer ökonomisch ausgerichteten Abbildung des Unternehmens. Dies impliziert unmittelbar eine Verbindung zum Controllerbereich: Bestehende Controllinginstrumente, die zur Steuerung des Unternehmens in den meisten Fällen auch weiterhin unerlässlich sind, müssen auf ihre Kompatibilität mit der IFRS-Finanzberichterstattung hin überprüft, gegebenenfalls angepasst und erweitert werden und sind – wo nötig – mit den entsprechenden Brücken zur IFRS-Finanzberichterstattung zu ergänzen.

Im Kern bedeuten die IFRS für die Controller damit einen wesentlichen Aufgabenzuwachs: Einmal durch den notwendigen Input für die externe Rechnungslegung nach IFRS und andererseits auch durch ihre Aufgabe, als Gesprächspartner des Managements, der Investoren und Analysten zunehmend auch für die Interpretation der IFRS-basierten Reportings zur Verfügung zu stehen. An der ureigenen Aufgabe des Controllers, nämlich als betriebswirtschaftlicher Berater des Managements zu agieren, ändert sich durch seine neue Rolle als Informationsdienstleister für die IFRS-Bilanzierung und Interpret der IFRS-Zahlen jedoch grundsätzlich nichts.

Eine breite Aufnahme der Ergebnisse dieser Arbeitsgruppe möge dazu beitragen, durch die Ausweitung der Controllerfunktion aus dem IFRS-Blickwinkel auch weiterhin eine ebenso effektive wie effiziente Gestaltung und Begleitung des Managementprozesses der Zielfindung, Planung und Steuerung durch die Controller sicherzustellen.

Der Dank des Boards der IGC gilt an dieser Stelle allen Mitgliedern dieser Arbeitsgruppe, ganz besonders aber der federführenden Frau Professor Dr. Barbara E. Weißenberger.

Dipl.-Kfm. Dr. Wolfgang Berger-Vogel
President and Chairman of the Board
International Group of Controlling (IGC)

Mitglieder der IGC-Arbeitsgruppe „Controller und IFRS"

Dipl.-Kfm. Jörn Bartelheimer
CTcon GmbH / Projektleiter

Dr. Jörg Beißel
Deutsche Lufthansa AG / Referent Konzerncontrolling

Dr. Ralf Eberenz
Beiersdorf AG / Leiter Corporate Accounting & Controlling

Mag. Werner Fleischer
Österreichische Elektrizitätswirtschafts-AG (Verbundgesellschaft) /
Bereichsleiter Konzerncontrolling

Claus Heßling
Plaut Consulting GmbH / Berater

Univ.-Prof. Dr. Péter Horváth
Universität Stuttgart / Vorsitzender des Aufsichtsrats der Horváth AG

Mag. Helmut Kerschbaumer
KPMG Alpentreuhand GmbH / Partner

Dr. Michael Kieninger
Horváth AG / Mitglied des Vorstands

Dr. Franz Krump
WINDRESS Holding AG / Managing Director

Dr. Rita Niedermayr-Kruse
Österreichisches Controller-Institut / Geschäftsführerin

Dr. Lukas Rieder
CZSG Controller Zentrum St. Gallen / Geschäftsführer

Dr. Walter Schmidt
Internationaler Controller-Verein / Mitglied des Vorstands

Dipl.-Ök. Karl-Heinz Steinke
Deutsche Lufthansa AG / Leiter Konzerncontrolling

Univ.-Prof. Dr. Barbara E. Weißenberger
Justus-Liebig-Universität Gießen /
Professur für Industrielles Management und Controlling

Dipl.-Kfm. Andreas Wohlthat
CTcon GmbH / Projektleiter

Inhaltsübersicht

Inhaltsübersicht

Zusammenfassung

Zielsetzung des vorliegenden Weißbuchs ist die Formulierung von Leitlinien für die Weiterentwicklung des Controllerbereichs im Kontext einer Finanzberichterstattung nach International Financial Reporting Standards (IFRS).

Ausgangspunkt ist dabei das unveränderte Verständnis von Controllern in ihrer Funktion als intern ausgerichteter Dienstleister des Managements: Controller gestalten und begleiten den Managementprozess der Zielfindung, Planung und Steuerung und tragen damit Mitverantwortung für die Zielerreichung. Controllerarbeit und IFRS sind dabei jedoch wechselseitig miteinander verzahnt.

▷ Einerseits greift die Bilanzierung unter IFRS stärker als bisher auf interne Steuerungsinformationen zurück, die originär für Controllingzwecke bereitgestellt werden (Management Approach der IFRS). Controller wachsen deshalb zunehmend in die Rolle eines Informationsdienstleisters für die Bilanzierung und übernehmen Mitverantwortung für die Finanzberichterstattung. Bestehende Controllinginstrumente wie z. B. Planungsrechnungen oder Berichtssysteme müssen auf ihre Kompatibilität bezüglich der Informationsbedarfe aus der Bilanzierung hin überprüft und ggf. ergänzt werden.

▷ Andererseits kann von Seiten der Controller angestrebt werden, die Abweichungen der im Rahmen der für interne Planungs-, Berichts- und Steuerungszwecke ermittelten Ergebnisse von den in der IFRS-Finanzberichterstattung ausgewiesenen Ergebnisgrößen so gering wie möglich zu halten (integrierte Rechnungslegung) und – wo notwendig – die erforderlichen Abstimmungsbrücken zu schaffen.

Das vorliegende Weißbuch zeigt strukturell, wie sich das Rollenverständnis und die Aktionsfelder der Controller unter IFRS sowohl durch die neue Aufgabe als Informationsdienstleister für die Bilanzierung als auch durch die Verwendung einer integrierten Rechnungslegung für Planungs-, Berichts- und Steuerungszwecke erweitern. Eine Verschlankung des Controllerbereichs wird in diesem Zusammenhang nicht angestoßen. Allerdings liegen Chancen für den Controllerbereich in der Möglichkeit, mit der Weiterentwicklung unter IFRS Effektivitäts- und Effizienzsteigerungspotenziale zu heben und damit die Führungsunterstützung gegenüber dem Management weiter zu verbessern.

Management Summary

It is the controller's mission to design and to accompany the management process of defining goals, planning and controlling, and thus to share management's responsibility for reaching the firm's objectives. As since the 1990s an increasing number of European companies have switched to an IFRS-based financial accounting regime, the question arises in how far controllership – i.e. the whole range of controllers' activities – has to be reshaped in this context as well. Therefore, directives have become necessary not only for the cooperation of controlling and financial accounting departments, but also for controller training programs and the future job profiles of controllers and other executives responsible for managerial accounting tasks.

The following white paper issued by the International Group of Controlling (IGC), St. Gallen, reports the results of the in-depth discussion of this working group. It is stated that under an IFRS-based accounting regime controlling and financial accounting tasks have become much stronger interrelated than under traditional European, e.g. German or Austrian, GAAP.

▷ On the one hand, IFRS-oriented reporting uses in many cases accounting data that have originally been generated for managerial controlling purposes (management approach). Therefore, controllers' tasks under IFRS extend to provide information for the financial accounting department, and controllers thus become increasingly responsible for financial reporting.
▷ On the other hand, under IFRS managerial performance measurement used for controlling purposes may be aligned with financial performance measurement (integrated performance measurement). Whereas this alignment is rather common under Anglo-Saxon accounting regimes, in German-speaking countries managerial performance measurement up to the 1990s had been based on standard and/or imputed cost types.

Even though the controller's mission does not change under an IFRS accounting regime, the underlying controlling systems, e.g. planning or reporting tools, still have to be analyzed whether they are compatible with an IFRS-based financial accounting regime. The white paper gives detailed directions towards this analysis and shows in detail how controllers' roles as well as their major activities have to be adapted in order to continuously provide efficient and effective managerial support under IFRS.

1 Einführung: Zielsetzung und Aufbau des Weißbuchs

Die Rechnungslegung nach International Financial Reporting Standards (IFRS) ist nicht nur für das externe Reporting relevant. Vielmehr existiert heute eine Vielzahl von Anknüpfungspunkten zu internen Planungs- und Berichtsinstrumenten und deren Vorsystemen. Sofern die Incentivierung des Managements an IFRS-basierte Größen anknüpft, sind die IFRS und deren Auswirkungen auch im Rahmen der Steuerung bzw. Anreizgestaltung zu berücksichtigen. Da es sich bei allen diesen Themen um wesentliche Bestandteile der Controllertätigkeit handelt, besitzen die IFRS für den Controllerbereich eine nicht unerhebliche Relevanz.

Relevanz der IFRS für den Controllerbereich

Die IFRS führen deshalb zu Gestaltungsimpulsen für den Controllerbereich: Inhalte, Methoden und Prozesse der Controllertätigkeit sind vor dem Hintergrund einer stärkeren Verzahnung mit klassischen Funktionsgebieten des externen Rechnungswesens zu überdenken und neu zu gestalten.[1] Das veränderte Aufgabenspektrum beeinflusst dabei auch die Organisation und das Rollenverständnis in Controllerbereichen. Parallele Trends wie die Verschlankung, Fast Close oder Outsourcing überlagern diese Entwicklung und verstärken den Bedarf nach einer Neuausrichtung des Controllerbereichs.

Zielsetzung des vorliegenden Weißbuchs ist die Formulierung von Leitlinien für die Weiterentwicklung von Controllerbereichen unter IFRS. Die folgenden Ausführungen sollen

Zielsetzung des Weißbuchs

▷ Veränderungen innerhalb der Aktionsfelder von Controllern unter IFRS aufzeigen,

▷ Hinweise für eine verbesserte Ausgestaltung von Controllingprozessen unter IFRS geben,

▷ zur Orientierung für die Zusammenarbeit bzw. die Aufgabenteilung zwischen Controllern und anderen Verantwortlichen in den traditionellen Bereichen des externen Rechnungswesens wie Bilanzierung oder Investor Relations dienen,

▷ Chancen und Risiken aus den Veränderungen der Controllinginstrumente, insbesondere im Rahmen der Planung und Berichterstattung, darlegen, und

▷ eine Grundlage für die Ausbildung von Controllern und die Formulierung fachlicher Controlleranforderungsprofile bilden.

---

[1] Vgl. hierzu grundlegend den Beitrag von Horváth, P., IFRS – Segen oder Fluch für die Controller?, Accounting, 5. Jg. (2005), Heft 12, S. 3–4.

Rahmen-bedingungen

Für diese Zielsetzung gelten jedoch verschiedene Rahmenbedingungen:

▷ Ausgangspunkt ist ein Verständnis von Controllern in ihrer traditionellen Funktion als intern ausgerichteter Dienstleister des Managements, deren Aufgabe in der Gestaltung und Begleitung des Managementprozesses der Zielfindung, Planung und Steuerung besteht.

▷ Das Weißbuch behandelt darauf aufbauend ausschließlich Themen, die im Kontext einer laufenden IFRS-Bilanzierung für Controllerbereiche bzw. das Controlling von Relevanz sind.

▷ Die Fokussierung liegt dabei auf kapitalmarktorientierten Unternehmen bzw. Unternehmen, die eine Kapitalmarktorientierung langfristig anstreben oder deren Gesellschafter bzw. sonstige Investoren eine kapitalmarktorientierte Ausrichtung der Führung fordern.

▷ Das Weißbuch dient nicht an primärer Stelle als Lobbyinginstrument gegenüber dem IASB im Rahmen des Standardsettingprozesses. Allerdings soll das Augenmerk der IASB-Rechnungsleger auf die Gestaltungsprobleme, die durch einzelne Standards für die Controllerarbeit entstehen können, gelenkt werden. Damit soll mittelbar ein Beitrag zur controllinggerechten Weiterentwicklung der IFRS geleistet werden.

Der Aufbau des vorliegenden Weißbuchs (vgl. Abbildung 1) umfasst im Anschluss an das einführende Kapitel sieben weitere Kapital.

Aufbau des Weißbuchs

In Kapitel 2 werden zunächst das Aufgabenprofil von Controllern und das damit verbundene Rollenverständnis bzw. die Aktionsfelder von Controllern aus dem bestehenden Controllerleitbild der IGC hergeleitet. Dies bildet das Fundament für die weiterführenden Überlegungen, da das Leitbild selbst und die darin formulierten Aufgaben des Controllerbereichs auch unter IFRS unverändert bestehen bleiben.

Kapitel 3 charakterisiert die IFRS und skizziert die aus Controllersicht relevanten Kernmerkmale der IFRS. Kapitel 4 erläutert dann, wie die IFRS mit typischen Controllinginstrumenten wie Planungs- und Berichtssystemen verzahnt sind und inwieweit sich dadurch Anpassungen bezüglich Rollenverständnis und Aktionsfeldern von Controllern ergeben können.

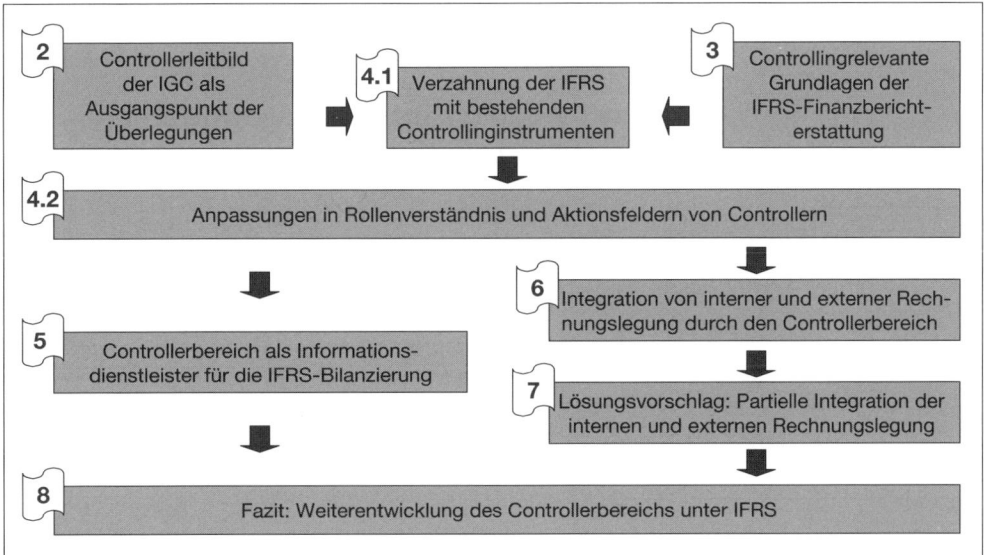

Abb. 1:   Aufbau des vorliegenden Weißbuchs

Kapitel 5 und 6 greifen die notwendigen Anpassungen im Detail auf und untersuchen zum einen die neue Rolle des Controllers als Informationsdienstleister für die Bilanzierung (Kapitel 5), zum anderen die Möglichkeit zur Integration von interner und externer Rechnungslegung (Kapitel 6). Kapitel 7 stellt den diesbezüglichen Lösungsvorschlag der IGC, nämlich einer partiellen Integration von interner und externer Rechnungslegung, dar. Kapitel 8 fasst die Überlegungen im Rahmen eines Fazits knapp zusammen.

Ergänzend informiert der Anhang über die IGC sowie die Methodik der Erarbeitung der Ergebnisse.

> Zielsetzung des Weißbuchs ist die Formulierung von Leitlinien für eine Weiterentwicklung des Controllerbereichs im Kontext einer Finanzberichterstattung nach IFRS. Ausgangspunkt ist das Verständnis von Controllern in ihrer traditionellen Funktion als intern ausgerichteter Dienstleister des Managements, deren Aufgabe in der Gestaltung und Begleitung des Managementprozesses der Zielfindung, Planung und Steuerung besteht.

2 IGC-Controllerleitbild als Ausgangspunkt der Überlegungen

2.1 Controller als interner Managementdienstleister

Controlling als Führungsfunktion etabliert

Controlling ist in den letzten Jahrzehnten in der breiten Unternehmenspraxis zu einer umfassenden und aktiv wahrgenommenen Führungsfunktion geworden. Dabei ist unter Controlling der gesamte Prozess der Zielfestlegung, der Planung und der Steuerung im leistungs- und finanzwirtschaftlichen Bereich zu verstehen.[2]

Controlling ist als Führungsaufgabe zunächst nicht institutionell an die Person eines Controllers gebunden. Vielmehr zeichnet sich eine controllinggerechte Führung durch bestimmte Merkmale aus, zu denen u. a. die Ziel- und Planungsorientierung oder die Dezentralisierung von Verantwortlichkeiten zählen.

Die Umsetzung einer controllinggerechten Führung bedarf mit steigender Unternehmensgröße der Unterstützung durch Controller bzw. den Controllerbereich, der sicherstellt, dass ein Controlling im Sinne des oben dargestellten Managementprozesses betrieben wird.

Controllerleitbild der IGC

In erster Linie zur Beschreibung des Aufgabenprofils von Controllern wurde in der Vergangenheit von der International Group of Controlling (IGC) ein Controllerleitbild[3] entwickelt. Demnach sind Controller in erster Linie Dienstleister für andere Führungskräfte. Sie gestalten und begleiten den Managementprozess der Zielfindung, Planung und Steuerung und tragen damit Mitverantwortung für die Zielerreichung.

Aufgabenprofil des Controllerbereichs

Aus diesem Verständnis für die Controllertätigkeit ergibt sich das charakteristische Aufgabenprofil des Controllerbereichs. Es umfasst insbesondere

▷ die Verantwortung für Strategie-, Ergebnis-, Finanz- und Prozesstransparenz,
▷ die ganzheitliche Koordination von Teilzielen und Teilplänen,
▷ die unternehmensübergreifende Organisation eines zukunftsorientierten Berichtswesens,
▷ die Moderation von Managementprozessen zur Unterstützung des zielorientierten Handelns der Entscheidungsträger,

---

[2] Vgl. hierzu und im Folgenden die Ausführungen in dem von der IGC herausgegebenen Controller-Wörterbuch, Stuttgart, 2005, S. 52–58.
[3] Das Controllerleitbild der IGC ist unter http://www.igc-controlling.org/dt/index_dt.html im Interet zum Download verfügbar.

▷ die Sicherstellung der erforderlichen betriebswirtschaftlichen Daten- und Informationsversorgung sowie

▷ die Gestaltung und Pflege der Controllingsysteme.

Abbildung 2 veranschaulicht zusammenfassend noch einmal grafisch die Zusammenarbeit von Controllern und Managern und die daraus resultierende Einordnung des Controllings.

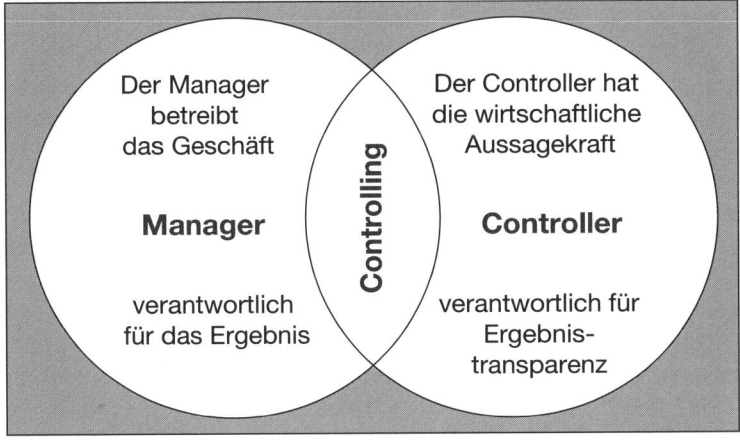

Abb. 2: Abgrenzung von Controller und Controlling[4]

Das oben dargestellte Aufgabenprofil des Controllerbereichs konkretisiert sich unter anderem in der aktiven Bereitstellung der relevanten betriebswirtschaftlichen Steuerungsinformationen an die Entscheidungsträger im Management. Dazu gehören in der laufenden Steuerung Instrumente wie die interne Kosten-, Leistungs-, Erlös und Ergebnisrechnung, z.B. letztere als – ggf. wertorientiert ausgestaltete – Managementerfolgsrechnung sowie die Durchführung von betriebswirtschaftlichen Analysen und Kalkulationen für kurz- und langfristige Zwecke.

Aktive Bereitstellung von Steuerungsinformationen

2.2 Rollenverständnis und Aktionsfelder von Controllern

Aus der im IGC-Controllerleitbild charakterisierten Aufgabenstellung von Controllern ergeben sich zunächst zwei Rollen, die der Controller als Managementdienstleister wahrnehmen muss:

Rollen von Controllern

---

[4] Entnommen aus IGC (Hrsg.), Controller-Wörterbuch, Stuttgart, 2005, S. 58.

▷ Controller sind zum einen betriebswirtschaftliche Berater und Sparringpartner des Managements und tragen als Navigator zur Zielerreichung bei.

▷ Zum anderen sind Controller notwendigerweise auch Methoden- und Systemdienstleister für die Bereitstellung der im Rahmen der betriebswirtschaftlichen Beratung erforderlichen Steuerungsinformationen.

Für die praktische Controllertätigkeit ergeben sich aus diesen beiden Rollen verschiedene Aktionsfelder.[5]

Originäre Aktionsfelder von Controllern

Im Mittelpunkt stehen dabei die originären oder Kernaktionsfelder. Sie umfassen die Führungsunterstützung des Managements in den Bereichen Planung, Berichtswesen sowie Steuerung bzw. Performance Measurement. Letzteres geschieht wesentlich durch die Konzeptionierung und Bereitstellung von Performance-Maßen, die auch zur Incentivierung von nachgelagerten Managementebenen eingesetzt werden.

Derivative Aktionsfelder von Controllern

Die derivativen oder abgeleiteten Aktionsfelder beinhalten zum einen die problemadäquate (Mit-)Gestaltung von controllingrelevanten Vorsystemen. Diese umfassen zunächst die buchhalterischen Vorsysteme und Datenquellen, wie z. B. die Materialwirtschaft, die Debitoren- und Kreditorenbuchhaltung, die Personalbuchhaltung oder die Anlagenbuchhaltung. Daneben gehören zu den controllinggrelevanten Vorsystemen aber auch die Datenbanken, in denen die für Controllingzwecke notwendigen Buchungs-, Bewertungs-, Markt- oder Stammdaten, u. a. aus den buchhalterischen Vorsystemen extrahiert werden. Auch wenn diese Vorsysteme nicht unmittelbar durch den Controllerbereich betrieben werden, ist für eine controllinggerechte Ausgestaltung Sorge zu tragen.

Das zweite derivative Aktionsfeld der Controller ist eine bezogen auf die Kernfunktionen zielführende fachliche Organisation des eigenen Bereichs. Dies schließt explizit Fragen der Personalentwicklung im Controllerbereich mit ein.

Die Systematik der Rollen und Aktionsfelder von Controllern im Kontext des IGC-Controllerleitbildes kann wie in Abbildung 3 dargestellt schematisiert werden.

---

[5] Vgl. hierzu auch die von Horváth in seinem Grundlagenwerk (Horváth, Controlling, München, 2003) behandelten Teilsysteme des Controllings, hier S. 113ff.

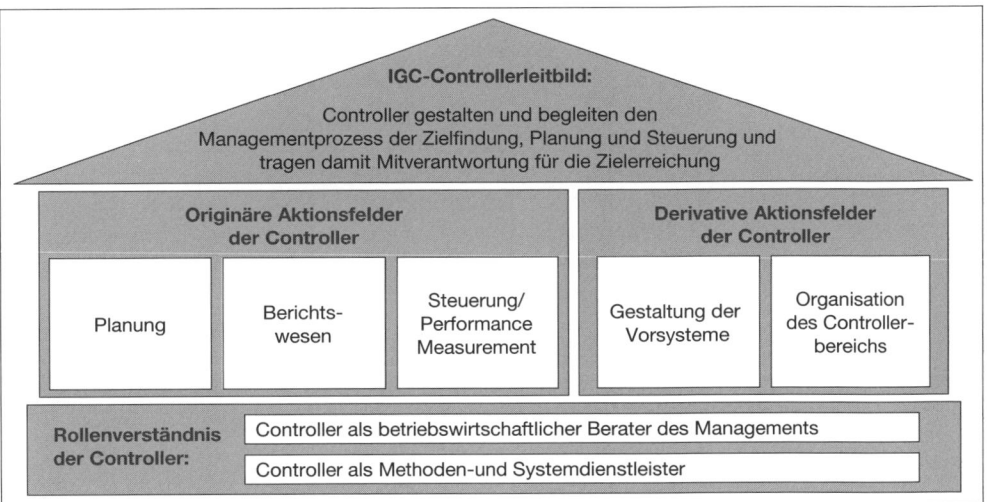

Abb. 3: Rollenverständnis und Aktionsfelder der Controller im Sinne des IGC-Controllerleitbildes

> Controller sind sowohl betriebswirtschaftliche Berater des Managements als auch Methoden- und Systemdienstleister. Zu den originären Aktionsfeldern, die sich aus beiden Rollen ergeben, gehören die Unterstützung des Managements in den Bereichen Planung, Berichtswesen und Steuerung bzw. Performance Measurement. Derivative Aktionsfelder der Controller umfassen die (Mit-)Gestaltung von Vorsystemen sowie die Organisation des Controllerbereichs.

3 Controllingrelevante Grundlagen der IFRS-Finanzberichterstattung

3.1 IFRS als investororientierter Bilanzierungsstandard

Die IFRS sind ein Konglomerat supranationaler Rechnungslegungsregeln, die von dem privatrechtlichen Standardsetter IASB mit Sitz in London erlassen werden. Ziel des IASB ist die Entwicklung und Durchsetzung von weltweit harmonisierten Bilanzierungsstandards. Für die Relevanz bestehender bzw. die Entwicklung neuer Vorschriften innerhalb der IFRS sind aus Controllersicht vor allem folgende Rahmenaspekte im Standardsetting von Bedeutung:

Rahmenaspekte im Standardsetting

▷ Das IASB strebt eine Anerkennung der IFRS durch die SEC für den US-amerikanischen Kapitalmarkt an. Die Weiterentwicklung der IFRS findet deshalb spätestens seit 2002 in enger Kooperation mit dem FASB statt, um dieses Ziel schnellstmöglich umzusetzen.[6]

▷ Bei der Gestaltung und Auslegung der IFRS orientiert sich das IASB vor allem am Informationsbedarf externer Adressaten. Anforderungen bzw. Restriktionen aus dem Controllerbereich fließen nicht bzw. allenfalls eingeschränkt in den Standardsettingprozess ein.[7]

▷ Für Unternehmen, die die IFRS aufgrund der Vorschriften der EU-Verordnung anwenden, sind die einzelnen vom IASB erlassenen Standards (IAS und IFRS) bzw. Interpretationen (SIC und IFRIC) nur insoweit zwingend anzuwenden, als sie durch die EU-Kommission auch in europäisches Recht übernommen wurden (Endorsement).[8]

Investororientierte Perspektive der IFRS

Die IFRS zeichnen sich wesentlich durch eine investororientierte Perspektive aus. Zielsetzung des IFRS-Abschlusses ist dabei die Bereitstellung möglichst umfangreicher finanzieller Informationen, damit externe Kapitalanleger das Portfolio ihrer Anlagemöglichkeiten unter Risiko-Rendite-Gesichtspunkten optimieren können.[9] Fragen der Kapitalerhaltung, der Ausschüttungsbemessung oder des Gläubigerschutzes werden innerhalb der IFRS nicht explizit thematisiert; Regelungen in diesem Zusammenhang werden maßgeblich den nationalen Gesetzgebern überlassen.

---

[6] Basis sind die in 2002 von FASB und IASB vereinbarten so genannten „Norwalk-Agreements" mit dem Ziel, durch eine enge Zusammenarbeit Unterschiede zwischen IFRS und US-GAAP bis zum Jahr 2005 weit gehend abzubauen. Dieses Ziel ist bis heute jedoch nur eingeschränkt erreicht worden, so z. B. bei der parallelen Abschaffung der planmäßigen Abschreibung von Goodwill aus Kapitalkonsolidierung (IFRS 3/SFAS 142). Zu einer kritischen Perspektive vgl. Pellens/Fülbier/Gassen, Internationale Rechnungslegung, Stuttgart, 2004, hier S. 862ff.

[7] Vgl. hierzu das IFRS-Framework, F.9–13. In Paragraph F.11 heißt es explizit: „Management has the ability to determine the form and content of such additional information (that helps it carry out its planning, decision-making and control responsibilities, d. Verf.) in order to meet its own needs."

[8] Vgl. zu einer Darstellung des Endorsement-Prozesses sowie dem zugrunde liegenden Komitologieverfahrens den Beitrag von d'Arcy, Aktuelle Entwicklungen in der Rechnungslegung und Auswirkungen auf das Controlling, Zeitschrift für Controlling und Management, Sonderheft 2/2004 IFRS und Controlling, S. 119–128. Der aktuelle Stand des Endorsement-Prozesses bezogen auf die geltenden IFRS kann u. a. unter http://www.drsc.de abgefragt werden.

[9] Vgl. IFRS-Framework, F.10–15. In dem Zusammenhang ist auch der so genannte „full-disclosure"-Ansatz, d. h. eine umfassende Offenlegungspflicht, innerhalb der IFRS-Rechnungslegung zu sehen, der in umfangreichen Publikationspflichten z. B. innerhalb der Segmentberichterstattung oder im Anhang (notes) resultiert.

> Die IFRS sind investororientiert ausgerichtete Rechnungs-
> legungsstandards. Bei der Gestaltung und Auslegung der IFRS
> orientiert sich das IASB vor allem am Informationsbedarf
> externer Adressaten. Anforderungen bzw. Restriktionen aus
> dem Controllerbereich fließen nicht bzw. allenfalls einge-
> schränkt in den Standardsettingprozess ein.

3.2 Breite Relevanz der IFRS für europäische Unternehmen

Die Relevanz der IFRS findet für europäische Unternehmen mit der EU-Verordnung 1606/2002 betreffend die Anwendung internationaler Rechnungslegungsstandards einen – zumindest vorläufigen – Kulminationspunkt. Diese EU-Verordnung verpflichtet in Artikel 4 kapitalmarktorientierte[10] Konzerne für Geschäftsjahre ab 2005 zur Bilanzierung nach IFRS. Für Konzerne, die lediglich Schuldtitel emittieren bzw. die in einem Nicht-Mitgliedstaat der EU börsennotiert sind und dort einen Abschluss nach international anerkannten Standards aufstellen, gilt gem. Art. 9 der EU-Verordnung diese Anwendungspflicht ab 2007. Für den Einzelabschluss bzw. für den Konzernabschluss von nicht kapitalmarktorientierten Konzernen lässt die EU-Verordnung Spielraum für eine Öffnung des nationalen Rechts der einzelnen Mitgliedstaaten für die IFRS zu (vgl. Abbildung 4).[11]

EU-Verordnung zur Rechnungslegung nach IAS

---

[10] Ein im Sinne der EU-Verordnung kapitalmarktorientierter Konzern nimmt in der Europäischen Union einen geregelten Markt zur Aufnahme von Eigen- oder Fremdkapital in Anspruch. Der vollständige Text der EU-Verordnung 1606/2002 sowie die damit verbundenen regulatorischen Entscheidungen bezüglich einer Übernahme bestehender IAS/IFRS in EU-Recht stehen unter http://europa.eu.int/ als Download zur Verfügung.

[11] Für Schweizer Unternehmen existieren unmittelbar vergleichbare Regelungen gem. Schweizer Obligationenrecht derzeit nicht; allerdings besteht in bestimmten Börsensegmenten eine Anwendungspflicht der IFRS oder aber der US-GAAP im Konzernabschluss.

	Einzelabschluss	Konzernabschluss
Kapitalmarktorientierte Unternehmen	Deutschland: Wahlrecht für den befreienden IFRS-Einzelabschluss zu Informationszwecken Österreich: Kein befreiender IFRS-Einzelabschluss zulässig	**Pflicht für den IFRS-Konzernabschluss (unmittelbarer Geltungsbereich der EU-Verordnung 1606/2002)**
Übrige Unternehmen	Deutschland: Wahlrecht für den befreienden IFRS-Einzelabschluss zu Informationszwecken Österreich: Kein befreiender IFRS-Einzelabschluss zulässig	Deutschland: Wahlrecht für den befreienden Konzernabschluss nach IFRS Österreich: Wahlrecht für den befreienden Konzernabschluss nach IFRS

Abb. 4: Umsetzung der EU-Verordnung 1606/2002[12]

Breiter Bedarf an IFRS-Finanz- berichterstattung

Die breiten Anwendungsmöglichkeiten bzw. -pflichten für IFRS spiegeln den umfassenden Praxisbedarf nach einer Umstellung der Finanzberichterstattung auf einen einheitlichen international aner- kannten Standard wider.[13] Dies betrifft nicht nur börsennotierte Großunternehmen, die einem wachsenden Kapitalmarktdruck aus- gesetzt sind, sondern mehr und mehr auch mittelständische Unternehmen.[14]

Treiber für die Umstellung auf IFRS sind hier – neben der Vorbereitung des Unternehmens auf eine zukünftige Inanspruch- nahme regulierter Kapitalmärkte – auch die Informationsbedarfe von Banken, die vor allem für die im Rahmen von Basel II erforderliche Risikoeinordnung von Unternehmenskrediten zuneh- mend IFRS-Abschlüsse fordern bzw. hierfür günstigere Kreditkon- ditionen in Aussicht stellen.

Auch eine transparentere Berichterstattung gegenüber Gesellschaf- tern und sonstigen Adressaten der Finanzberichterstattung sowie die verbesserte Möglichkeit internationaler Kooperationen bzw. Beteiligungssteuerung werden als Vorteil einer IFRS-Bilanzierung genannt.[15] Zudem arbeitet das IASB derzeit an Erleichterungen insbesondere innerhalb der umfangreichen Offenlegungspflichten nach IFRS für mittelständische (SME, small- and medium-sized entities) bzw. nicht kapitalmarktorientierte Unternehmen (NPAE,

---

[12] Exemplarische Darstellung für Deutschland und Österreich.
[13] Zu einer Übersicht und empirischen Fundierung verschiedener Gründe für die Umstellung der Rechnungslegung auf IFRS vgl. Weißenberger/Stahl/Vorstius, Changing from German GAAP to IFRS or US-GAAP, Accounting in Europe, Vol. 1 (2004), S. 169–189.
[14] Die Umstellung auf IFRS aus der Perspektive des deutschen Mittelstands wird ausführlich u. a. von Mandler, Der deutsche Mittelstand vor der IAS-Umstellung 2005, Herne, 2004, sowie von Keitz/Stibi, Rechnungslegung nach IAS/IFRS – auch ein Thema für den Mittelstand?, Zeitschrift für kapitalmarktorientierte Rech- nungslegung, 4. Jg. (2004), S. 423–430, untersucht.
[15] Vgl. Lüdenbach, IFRS, Freiburg i. Br., 2005, S. 25ff.

non-publicly accountable entities).[16] Die Umstellung der Finanzberichterstattung auf IFRS ist damit aktuell ein Kernthema für einen breiten Kreis von Unternehmen.

> **Die IFRS sind als internationaler Bilanzierungsstandard nicht nur für kapitalmarktorientierte bzw. Großunternehmen, sondern zunehmend auch für den Mittelstand von hoher Bedeutung.**

3.3 Ökonomisch geprägte Perspektive der IFRS

Wie jedes Rechnungslegungssystem stehen auch die IFRS im Spannungsfeld zwischen Verlässlichkeit (Reliabilität) und Entscheidungsnützlichkeit (Relevanz) der Finanzberichterstattung. In diesem Konflikt stellt die IFRS-Rechnungslegung seit einigen Jahren zunehmend letzteren Aspekt, d. h. die Vermittlung entscheidungsnützlicher Informationen für Investoren, in den Vordergrund – so z. B. bei der zunehmenden Durchsetzung einer zeitwertorientierten Fair-Value-Bewertung von Vermögenswerten und Schulden.

Die Rechnungslegung nach IFRS impliziert damit eine sehr viel stärker ökonomisch fundierte Abbildung des Unternehmens bzw. der Geschäftsprozesse als z. B. die kontinentaleuropäischen Rechnungslegungsvorschriften des (deutschen bzw. österreichischen) HGB. Dort steht traditionell vor allem die Bereitstellung reliabler, eher vorsichtig bewerteter Bestands- und Erfolgsgrößen im Vordergrund (imparitätisches Realisationsprinzip).[17]

Ökonomische Perspektive der IFRS

In der Konsequenz ergeben sich gerade bei der Umstellung der Finanzberichterstattung von HGB auf IFRS tief greifende Unterschiede in der Bilanzierung bzw. Bewertung einzelner Jahresabschlusspositionen. Abbildung 5 gibt eine Übersicht über die wichtigsten Regelungen, die diese Unterschiede begründen und die letztlich aufgrund der stärker ökonomisch ausgerichteten Perspektive der IFRS zu einem realitätsnäheren Reporting führen.

---

[16] Vgl. Mayr, Das Projekt zu NPAE – Aktueller Diskussionsstand bei IASB und BDI, Accounting, 5. Jg. (2005), Heft 6, S. 3–5.

[17] Vgl. hierzu vertiefend Baetge/Beermann, Die Bilanzierung von Vermögenswerten in der Bilanz nach International Accounting Standards und der dynamischen Bilanztheorie Schmalenbachs, Betriebswirtschaftliche Forschung und Praxis, 50. Jg. (1998), S. 154–168.

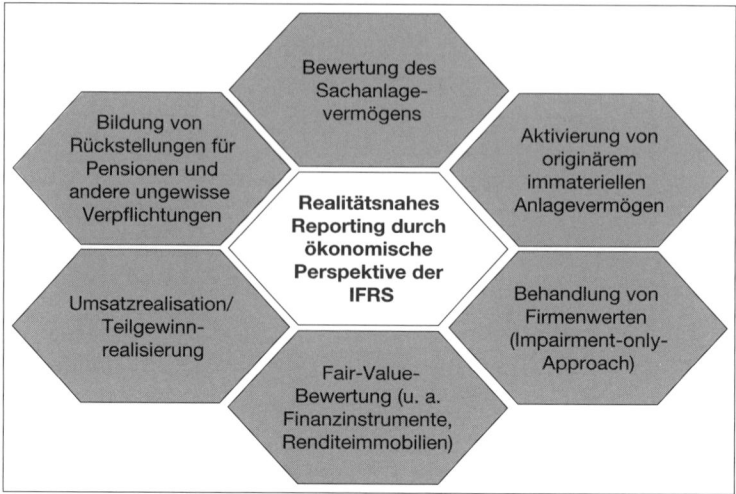

Abb. 5: Bedeutende Regelungsunterschiede zwischen den IFRS und dem HGB

So wird in der IFRS-Bilanz das Vermögen typischerweise höher ausgewiesen als in der HGB-Bilanz, da

Ansatz- und Bewertungsunterschiede im Vermögen

▷ die fortgeführte Bewertung des Sachanlagevermögen auf Basis der tatsächlichen ökonomischen Nutzungsdauer erfolgt, nicht jedoch auf Basis kürzerer steuerlich vorgeschriebener Nutzungsdauer,

▷ auch originäres immaterielles Anlagevermögen einschließlich Entwicklungskosten grundsätzlich zu aktivieren ist,

▷ Firmenwerte nicht mehr planmäßig, sondern auf der Basis jährlicher Werthaltigkeitstest allenfalls außerplanmäßig abgeschrieben werden,

▷ Finanzvermögen zu Zeitwerten (Fair Values), die damit auch über den ursprünglichen Anschaffungskosten liegen können, zu bewerten ist. Dies gilt auch für Finanzderivate, die den Charakter schwebender Geschäfte besitzen (Optionen, Termingeschäfte u. Ä.), und

▷ langfristige Fertigungsaufträge nicht zu Herstellungskosten bewertet werden, sondern bereits in der Herstellungsphase anteilig Umsatz und Gewinn in Abhängigkeit des Fertigungsfortschritts realisiert werden (Teilgewinnrealisierung/Percentage-of-Completion-Methode).

▷ Die in der IFRS-Bilanz ausgewiesenen Schulden können größer oder kleiner sein als die korrespondierenden Positionen der HGB-Bilanz. Eine besondere Rolle spielt dabei die Bewertung von Pensionsrückstellungen: Hier müssen nach IFRS Gehalts- und Rententrends berücksichtigt sowie der Kapitalmarktzins zur Abzinsung verwendet werden. In Konsequenz sind die Pensionsrückstellungen nach IFRS in vielen Fällen höher auszuweisen als nach HGB. Andere Rückstellungen sind dagegen in der IFRS-Bilanz zu geringeren Werten (nach IFRS Ansatz des wahrscheinlichsten statt eines vorsichtig geschätzten Werts) bzw. gar nicht (Verbot des Ansatzes von Aufwandsrückstellungen nach IFRS) zu passivieren.[18]

Ansatz- und Bewertungsunterschiede in den Schulden

Die ausgeprägte ökonomische Perspektive der IFRS führt zu charakteristischen, wirtschaftlich geprägten Bilanzierungs- und Bewertungsgrundsätzen wie beispielsweise dem Risk-and-Reward-Approach, einem weiten Verständnis von Vermögenswerten, der Zeitwertbilanzierung, der IFRS-spezifischen Umsetzung des Realisationsprinzip und Matching Principle (Prinzipien der zeitlichen und sachlichen Abgrenzung von Aufwand und Ertrag) oder auch der Abgrenzung von planmäßigen betrieblichen Vorgängen innerhalb der Gewinn- und Verlustrechnung (vgl. hierzu detailliert Abbildung 6).[19]

Auch wenn die IFRS nicht auf Controllerbedarfe abzielen und die betriebswirtschaftlichen Anforderungen an die Tätigkeit von Controllern im Standardsetting des IASB – zumindest bisher – keine Rolle spielten, so stellt dennoch das Bestreben nach einer ökonomisch ausgerichteten Abbildung des Unternehmens in der IFRS-Finanzberichterstattung eine Verbindung zur Controllertätigkeit her, denn auch für Controllingzwecke ist eine ökonomisch geprägte Perspektive auf das Unternehmensgeschehen erforderlich.

Verbindung zum Controlling

> Ebenso wie der Controllerbereich stellen die IFRS auf eine ökonomisch ausgerichtete Abbildung des Unternehmens ab.

---

[18] Empirische Ergebnisse zu den quantitativen Effekten einer Umstellung von HGB- auf IFRS-Bilanzen für 21 deutsche Konzerne aus den Jahren 1996–2001 finden sich bei Weißenberger/Haas, Neuausrichtung der Interpretationsfunktion des Controllings, Zeitschrift für Controlling & Management, Sonderheft 2/2004 IFRS und Controlling, S. 54–62.

[19] Eine vergleichbare Diskussion bezüglich der Eignung der US-GAAP für die interne Steuerung findet sich bereits bei Haller, Zur Eignung der US-GAAP für Zwecke des internen Rechnungswesens, Controlling, 9. Jg. (1997), S. 270–277.

Bilanzierungs-/ Bewertungs-grundsatz	Verständnis innerhalb der IFRS	Umsetzung innerhalb der IFRS	Ökonomischer Bezug der IFRS
Risk-and-Reward-Approach	Bilanzierungsprobleme werden über die Zuordnung von Chancen und Risiken zu den jeweils relevanten Sachverhalten gelöst.	z. B. Segmentabgrenzung (IAS 14) z. B. Identifikation von Finance Lease über mit dem Leasinggegenstand verbundenen Chancen und Risiken (IAS 17)	Entscheidungsfindung basiert auf dem Abwägen der Chancen und Risiken von Handlungsalternativen. Ist eine Alternative gewählt, muss die handelnde Person die damit verbundenen Risiken tragen.
Vermögens-bilanzierung	Vermögenswerte sind verfügbare Ressourcen, aus denen dem Unternehmen zukünftig erwartungsgemäß ein Nutzen zufließt.	z. B. asset-Definition (IAS-Framework) z. B. Aktivierung selbst erstellter immaterieller Vermögenswerte (IAS 38) z. B. Bilanzorientierte Bewertung, z. B. bei Rückstellungen (ED-IAS 37)	Dem Eigentümer eines Vermögenswerts stehen die damit verbundenen Eigentumsrechte (property rights) zu, d. h. er kann den Vermögenswert nutzen, zerstören oder veräußern und er hat Anrecht auf das Residuum.
Zeitwert-bilanzierung	Vermögenswerte bzw. Schulden werden nicht zu Anschaffungskosten, sondern zum beizulegenden Zeitwert (Fair Value) bewertet.	z. B. Bewertung von Finanzinstrumenten (IAS 39), Renditeimmobilien (IAS 40) z. B. Neubewertung von Sach- und immateriellen Vermögenswerten (IAS 16, 38) z. B. Ermittlung des außerplanmäßigen Abschreibungsbedarfs (IAS 36)	Zeitwerte reflektieren einen reellen oder idealisierten Marktwert, in dem sich Wissen und Erwartungen aller Marktteilnehmer bündeln. Unter Annahme vollkommener Märkte entsprechen sie dem Nutzen- bzw. Konsumpotenzial der damit verbundenen Basisgüter.
Realisations-prinzip	Das realwirtschaftliche Ergebnis eines Produktionsprozesses oder einer sonstigen Realtransaktion wird gezeigt, sobald dessen Realisierung möglich ist.	z. B. Zeitwertbilanzierung (s. o.) z. B. bei bestehenden Abnahmerisiken Realisierung von Umsätzen in erwarteter Höhe (IAS 18)	Eine Entscheidung ist zu einem gegebenen Zeitpunkt mit dem zu diesem Zeitpunkt erwarteten Erfolg zu bewerten.
Matching Principle	Aufwendungen und Erträge sind zeitlich so zuzuordnen, dass der in den Aufwendungen abgebildete Ressourcenverzehr in einer Periode den mit der Leistungserstellung generierten Erträgen gegenübersteht.	z. B. Aktivierung von Entwicklungsausgaben (IAS 38) z. B. Teilgewinnrealisierung im Rahmen der Langfristfertigung (IAS 11)	Für eine ökonomische Beurteilung von Produktionsprozessen wird der Wert der verzehrten Ressourcen dem Wert der produzierten Leistung gegenübergestellt.
Prinzip der Abgrenzung der betrieblichen Sphäre	In der Erfolgsrechnung werden nicht planmäßige bzw. außerbetriebliche Vorgänge z. T. separat ausgewiesen.	z. B. Differenzierung gem. IFRS-Framework von income vs. expense (planmäßig/betrieblich) und gain vs. loss z. B. teilweise erfolgsneutrale Verrechnung reiner Bewertungsvorgänge, z. B. Neubewertung (IAS 16, 38)	Außerplanmäßige bzw. außerbetriebliche Vorgänge sind unkontrollierbare Zufallsvorgänge, die einen Rückschluss auf den zurechenbaren Erfolg im Sinne von Controllability sowie die Prognose zukünftiger Erfolge beeinträchtigen.

Abb. 6: Ökonomischer Bezug der IFRS-Rechnungslegung

4 Schnittstellen von IFRS und Controllertätigkeit

4.1 Verzahnung der IFRS-Bilanzierung mit bestehenden Controllinginstrumenten

Obwohl die IFRS zunächst nur die externe Finanzberichterstattung betreffen, zeichnen sie sich – bedingt auch durch die im Vorabschnitt 3 dargestellte Zielsetzung und die angestrebte ökonomische Perspektive – durch eine enge Verzahnung mit Controllinginstrumenten, wie z. B. Planungsrechnungen oder internen Berichten, beispielsweise aus dem Projektcontrolling, aus. Diese Verzahnung lässt sich in der Unternehmenspraxis in zwei Richtungen systematisieren (vgl. Abbildung 7).

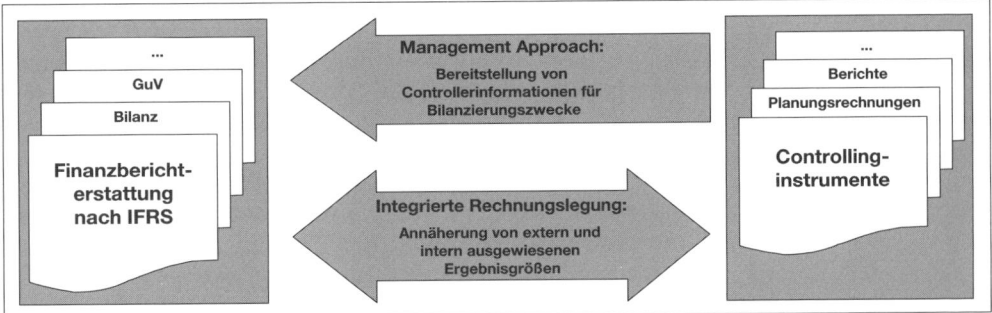

Abb. 7: Systematik der Verzahnung von Finanzberichterstattung nach IFRS und Controllinginstrumenten

Controller als Informationsdienstleister

An erster Stelle ist hier der Management Approach zu nennen. Darunter versteht man den Export von Informationen, die an sich für interne Planungs- bzw. Berichtszwecke gegenüber dem Management erstellt wurden, in die Finanzberichterstattung nach IFRS. Der Controllerbereich wird damit zum Informationsdienstleister für die IFRS-Rechnungslegung und übernimmt in dieser Rolle stärker als früher Mitverantwortung für die nach außen kommunizierten Finanzinformationen.[20]

Der Management Approach resultiert aus der Zielsetzung der IFRS, entscheidungsnützliche Informationen bereitzustellen. Dabei basiert der Management Approach auf der Überlegung, dass für die interne Steuerung herangezogene Plan- bzw. Ist-Informationen

---

[20] Vgl. Fleischer, Rolle des Controllings im Spannungsfeld internes und externes Reporting, in: Horváth (Hrsg.), Organisationsstrukturen und Geschäftsprozesse wirkungsvoll steuern, Stuttgart, 2005, S. 189–200, hier S. 197.

auch für externe Investoren von hoher Entscheidungsrelevanz sind. Zielsetzung der IFRS ist dabei die Abbildung des Unternehmens „through the management's eyes".[21] Zum Teil werden die internen Größen dabei unmittelbar für die externe Berichterstattung übernommen (so z. B. die Segmentierung in Geschäftsfelder und Regionen gem. IAS 14 aus den internen Berichtsstrukturen), zum Teil dienen sie mittelbar zur Fundierung von bestimmten IFRS-Größen (so z. B. die mitlaufende Projektkalkulation zur Bewertung langfristiger Fertigungsaufträge nach der Percentage-of-Completion-Methode gem. IAS 11).

Verzahnung von IFRS und Controlling

Aufgrund der regulatorischen Vorschriften erzwingt der Management Approach die Verzahnung der IFRS-Rechnungslegung mit internen Controllinginstrumenten, da ein Unternehmen seiner Pflicht zur IFRS-Finanzberichterstattung ohne diese internen Informationen nicht bzw. nur sehr eingeschränkt nachkommen kann.[22]

> **Vielen Vorschriften innerhalb der IFRS liegt der Management Approach zugrunde, d. h. die Abbildung des Unternehmens „through the management's eyes". Für die Finanzberichterstattung werden dann Informationen verwendet, die an und für sich für interne Controllingzwecke erstellt wurden. Der Controllerbereich wird damit zum Informationsdienstleister für die IFRS-Finanzberichterstattung und übernimmt in dieser Rolle stärker als früher Mitverantwortung für die externe Rechnungslegung.**

Integration von interner und externer Rechnungslegung

Neben dem Management Approach ist in der Unternehmenspraxis vielfach eine zweite Verbindung zwischen Controllinginstrumenten und IFRS-Finanzberichterstattung zweckmäßig, nämlich die Integration von externer und interner Rechnungslegung.

Der Begriff der Integration bezieht sich dabei ausschließlich auf die Planungs-, Steuerungs- und Kontrollaufgaben, die im Rahmen

---

[21] Das IFRS-Framework unterstellt explizit in F.11: „... published financial statements are based on the information used by management about the financial position, performance and changes in financial position of the entity" und bringt damit das als hier als Management Approach bezeichnete Verständnis implizit zum Ausdruck.

[22] Auch in den kontinentaleuropäischen Rechnungslegungssystemen gibt es Schnittstellen zwischen externer und interner Rechnungslegung, insbesondere z. B. für die Vorratsbewertung; Umfang und Bedeutung dieser Schnittstellen sind jedoch sehr viel geringer als unter IFRS.

einer periodischen Ergebnisrechnung anfallen.[23] Dabei geht es um die Frage, wie weit – insbesondere auf Unternehmens-, Segment- oder Geschäftsbereichsebene – interne Ergebnisgrößen von dem extern publizierten Ergebnis der IFRS-Finanzberichterstattung abweichen. Je stärker interne und externe Ergebnisse dabei kongruent, d. h. deckungsgleich sind, umso höher ist der Integrationsgrad der Rechnungslegung.

Die Umsetzung einer voll integrierten Rechnungslegung bedeutet – wie im angelsächsischen Bereich seit jeher üblich – den weit gehenden bzw. vollständigen Verzicht auf die Verwendung von kalkulatorischen Kosten und Erlösen innerhalb der laufenden Ergebnisrechnung. Dies wird unter IFRS aus Controllersicht insoweit begünstigt, als dass – wie oben dargestellt – die für die interne Ergebnisrechnung relevante ökonomische Perspektive hier weitaus stärker eingenommen wird als im kontinentaleuropäischen Handelsrecht.

Auch unter einer integrierten Rechnungslegung bleiben die Berichtsformate der internen Ergebnisrechnung – z. B. im Rahmen der Managementerfolgsrechnung als mehrstufiger bzw. mehrdimensionaler Deckungsbeitragsrechnung – unverändert. Die Verwendung eigenständiger kalkulatorischer Größen für Entscheidungsrechnungen auf der operativen Produkt- und Prozessebene wird von einer integrierten Rechnungslegung ebenfalls nicht berührt.

> In einer integrierten Rechnungslegung wird ein möglichst hoher Grad an Kongruenz zwischen dem extern publizierten Ergebnis der Finanzberichterstattung und den intern für Planungs-, Steuerungs- und Kontrollzwecke ausgewiesenen Ergebnisgrößen angestrebt; wenngleich auch vielfach Brückenrechnungen notwendig sein werden. Auf den Ansatz kalkulatorischer Kosten und Erlöse wird in einer integrierten Rechnungslegung weit gehend verzichtet. Die Berichtsformate der internen Ergebnisrechnung bleiben jedoch bestehen. Die IFRS begünstigen durch ihre ausgeprägte ökonomische Perspektive aus Controllersicht die Umsetzung einer integrierten Rechnungslegung.

---

[23] Vgl. Bruns, Harmonisierung des externen und internen Rechnungswesens auf Basis internationaler Bilanzierungsvorschriften, in: Küting/Langenbucher (Hrsg.): Internationale Rechnungslegung, Stuttgart, 1999, S. 585–604, hier, S. 595. Ähnlich bereits Küting/Lorson, Konvergenz von internem und externem Rechnungswesen: Anmerkungen zu Strategien und Konfliktfeldern, Die Wirtschaftsprüfung, 51. Jg. (1998), S. 483–492, hier S. 490f., sowie neuer Lingnau/Jonen, Konvergenz von internem und externem Rechnungswesen. BetriebswirtschaftlicheÜberlegungen und Umsetzung in der Praxis. Universität Kaiserslautern: Beiträge zur Controllingforschung Nr. 5/2004, S. 11, oder Wussow, Harmonisierung des internen und externen Rechnungswesens mittels IAS/IFRS unter Berücksichtigung der wertorientierten Unternehmenssteuerung, München, 2004, S. 65–68.

Unterschiedliche Bedeutung der Schnittstellen

Stellt man Management Approach und Integration der Rechnungslegung als die beiden zentralen Schnittstellen zwischen IFRS und Controllinginstrumentarium gegenüber, so ergeben sich zwei strukturelle Unterschiede in der Bedeutung dieser Schnittstellen für den Controllerbereich:

▷ Im Gegensatz zum Management Approach, der die Übernahme von spezifischen internen Informationen zwingend erforderlich macht, ist die Integration von externer und interner Rechnungslegung eine freiwillige Entscheidung des Controllerbereichs bezüglich der internen Ergebnisrechnung.

▷ Während im Management Approach Controllerinformationen an die Bilanzierung exportiert werden, geht es im Rahmen der integrierten Rechnungslegung um eine möglichst enge Kongruenz zwischen internen und externen Ergebnissen, so weit dies möglich und betriebswirtschaftlich sinnvoll ist.

> Controllerarbeit und IFRS sind wechselseitig miteinander verzahnt: Einerseits müssen für Bilanzierungszwecke in hohem Umfang originäre Controllerinformationen bereitgestellt werden (Management Approach), andererseits kann der Controllerbereich für Zwecke der internen Ergebnisrechnung eine möglichst weit gehende Kongruenz zwischen internen und externen Ergebnisgrößen anstreben (integrierte Rechnungslegung).

4.2 Veränderungen im Aufgabenprofil von Controllern durch die IFRS-Bilanzierung

Durch die in Abschnitt 2.2 beschriebene Verzahnung der IFRS-Rechnungslegung mit den bestehenden Controllinginstrumenten ergeben sich verschiedene bedeutsame Erweiterungen in den im Vorabschnitt dargestellten Rollenbildern bzw. Aktionsfeldern von Controllern (vgl. Abbildung 8).

Ausdehnung des Rollenverständnisses unter IFRS

Zunächst führt der Management Approach zu einer Ausdehnung des Rollenverständnisses von Controllern. Sie nehmen verstärkt die Rolle eines Informationsdienstleisters für die Aufgabenträger ein, die mit der Erstellung, Prüfung und Kommunikation der IFRS-Finanzberichterstattung beauftragt sind. Dazu gehören neben der Unternehmensleitung Abteilungen wie Bilanzierung und Investor Relations, aber auch Wirtschaftsprüfer und Revisoren und sowie gegebenenfalls Aufsichts- oder Beiräte.

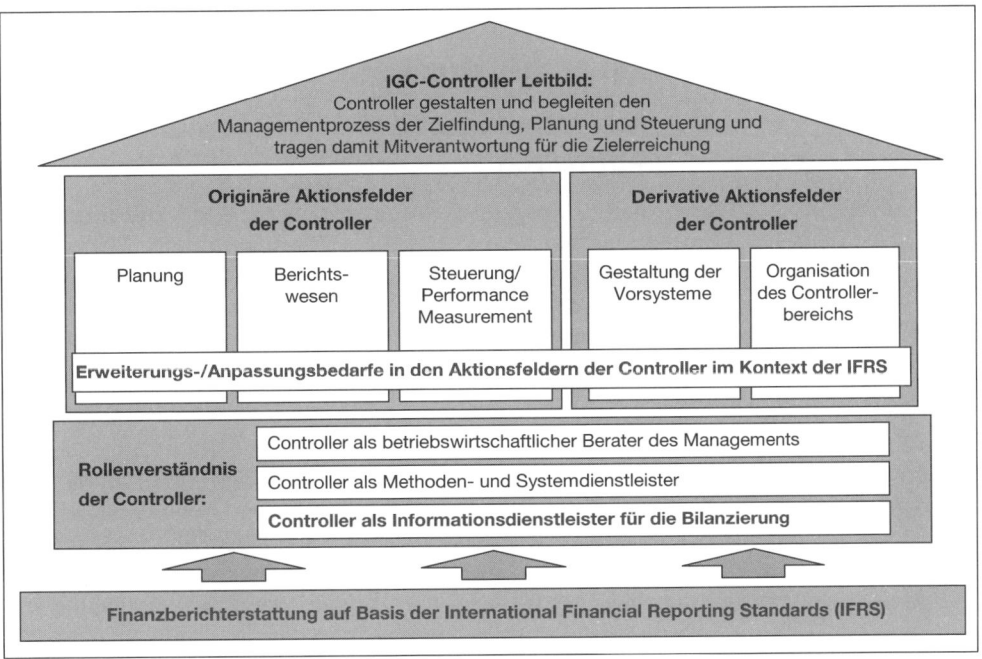

Abb. 8: Veränderungen im Rollenverständnis und in den Aktionsfeldern der Controller durch die IFRS-Rechnungslegung

Aus dem erweiterten Rollenbild ergeben sich Ergänzungsbedarfe in allen Aktionsfeldern der Controller. Diese Anpassungsbedarfe werden verstärkt, wenn – wie in vielen Fällen üblich – im Rahmen der IFRS-Rechnungslegung eine integrierte Rechnungslegung angestrebt wird.

Veränderungen in den Aktionsfeldern

> Die IFRS-Rechnungslegung führt weder zu einer Veränderung des Controllerleitbildes noch zu einer Reduktion von Controlleraufgaben. Vielmehr geht es im Kontext der IFRS um eine Erweiterung des bestehenden Rollenverständnisses und darauf aufbauend eine Ergänzung der Aktionsfelder des Controllerbereichs bei unverändert bestehender Gültigkeit des Controllerleitbildes.

5 Controller als Informationsdienstleister für die IFRS-Bilanzierung

5.1 Ausprägungen des Management Approach

Durch den Management Approach wird der Controller zum Informationsdienstleister für die IFRS-Bilanzierung. Dabei wird auf eine Zweitverwendung von Plan- bzw. Ist-Größen oder Objektstrukturen abgestellt, die zunächst primär für interne Controllingzwecke eingesetzt werden.

Zwei Ausprägungen des Management Approach spielen dabei eine Rolle.

Ausprägungen des Management Approach

▷ Zum einen werden interne Plan- bzw. Ist-Größen oder Objektstrukturen unmittelbar, d. h. ohne Veränderung, in die Finanzberichterstattung nach IFRS übernommen. Dies ist z. B. der Fall, wenn die Segmentstruktur gem. IAS 14 bzw. die Einteilung in primäre vs. sekundäre Berichtsformate aus dem internen Reporting abgeleitet wird. Weitere Beispiele sind die Übernahme von Werten aus der Anlagenbuchhaltung für die Umsetzung von IAS 16, die Ermittlung der wirtschaftlichen Nutzungsdauer zur Berechnung planmäßiger Abschreibungen oder die Orientierung an für interne Kalkulationszwecke vorgehaltenen Wiederbeschaffungswerten im Rahmen einer Neubewertung gem. IAS 16 oder IAS 38.

▷ Zum anderen können Bestands- und Erfolgsgrößen mittelbar aus internen Plan- bzw. Ist-Größen sowie aus den dahinter stehenden Objektstrukturen hergeleitet werden. Dies findet sich z. B. bei der Durchführung des Impairment of Assets gem. IAS 36, bei der für die Durchführung der Cashflow-Planung z. B. auf die mittelfristige Finanzplanung zurückgegriffen wird, oder bei Anwendung der Percentage-of-Completion-Methode im Rahmen der Auftragsbewertung gem. IAS 11, wenn für die Ermittlung von Fertigstellungsgraden das interne Projektcontrolling zugrunde gelegt wird.

Ein Anwendungsfall des Management Approach fehlt dagegen, wenn von internen Stellen Informationen generiert werden müssen, die nur für Bilanzierungszwecke verwendet werden, nicht aber in den internen Controllinginstrumenten Verwendung finden. Dies ist in der Praxis z. B. bei der Bildung von Pensionsrückstellungen gem. IAS 19 oder bei der Bewertung von Rückstellungen gem. IAS 37 z. B. für Gewährleistungen oder Drohverluste typischerweise der Fall.

Zum Teil kann in der Unternehmenspraxis der Management Approach nicht realisiert werden, weil die Steuerungsperspektive des Controllings von den Anforderungen der IFRS-Finanzberichterstattung abweicht.

Eingeschränkte Realisierbarkeit des Management Approach

So ist z. B. denkbar, dass die Bilanzierung eine eigenständige Cashflow-Planung zur Durchführung von Impairment Tests gem. IAS 36 aufstellt, z. B. weil die interne Finanz- und Ergebnisplanung die notwendigen Cashflows nicht in der erforderlichen Form bzw. für die erforderlichen Bezugsobjekte (cash-generating units) bereitstellt.[24] Dies ist dann problematisch, wenn diese von Seiten der Bilanzierung eigenständig geplanten Cashflows nicht mehr im Einklang mit den grundsätzlichen Aussagen für Controllingzwecke erstellten Mittelfristplanung stehen.[25]

Aus Effizienzgründen sind in diesen Fällen die internen Controllinginstrumente so zu gestalten, dass neben den für die interne Steuerung erforderlichen Größen auch die von der Bilanzierung im Rahmen des Management Approach benötigten Informationen zeitnah und konsistent generiert werden können. Allerdings erzwingt der Management Approach in diesen Fällen nicht per se die Übernahme der von der IFRS-Finanzberichterstattung verwendeten Informationen für interne Controllingzwecke: Für die Ausgestaltung des Controllings gilt weiterhin vielmehr das Primat einer optimalen Unterstützung interner Managementprozesse.

> Eine Umgehung des Management Approach, indem erforderliche interne Informationen eigenständig von der Bilanzierung erstellt werden, ist aus Konsistenz- wie Effizienzgründen abzulehnen. Controllinginstrumente müssen so gestaltet werden, dass sie in der Lage sind, neben dem unmittelbaren Informationsbedarf des Managements auch den Informationsbedarf der Finanzberichterstattung mit abzudecken. Eine zwingende Anpassung der internen Controllingsysteme an die in der IFRS-Finanzberichterstattung publizierten Größen kann aus dem Management Approach in diesen Fällen jedoch nicht abgeleitet werden: Für die Ausgestaltung des Controllings gilt weiterhin vielmehr das Primat einer optimalen Unterstützung interner Managementprozesse.

---

[24] So müssen z. B. für eine IAS 36-konforme Ermittlung des Impairment-Bedarfs geplante Cashflows in Erhaltungs- und Erweiterungsinvestitionen aufgeteilt werden, da letztere nicht berücksichtigt werden dürfen. Eine solche Aufteilung ist jedoch z. B. in der internen Finanzplanung nicht ohne Weiteres selbstverständlich gegeben, vgl. Trützschler/David/Strauch/Tomaszewski, Unternehmensbewertung und Rechnungslegung von Akquisitionen, Zeitschrift für Planung, 16. Jg. (2005), S. 383–406, hier S. 404f.

[25] Vgl. Hassler/Kerschbaumer (Hrsg.), Praxisleitfaden zur internationalen Rechnungslegung (IFRS), Wien, 2005, hier S. 54f.

5.2 Controllingrelevante Standards im Rahmen des Management Approach

Die Umsetzung des Management Approach in den einzelnen Standards innerhalb der IFRS, d. h. die jeweilige Bezugnahme auf das interne Controllinginstrumentarium, ist sehr divergent. Das Spektrum reicht dabei von Standards, für die von Seiten des Controllerbereichs i. d. R. so gut wie keine Informationen bereitgestellt werden müssen (z. B. für die Erstellung des im IFRS-Abschluss zu veröffentlichenden Cashflow-Statements gem. IAS 7) bis hin zu Standards, bei denen die eingangs beschriebene Verzahnung zwischen IFRS und Controllinginstrumenten besonders stark ist (z. B. im Rahmen des Impairment of Assets nach IAS 36[26]).[27]

Controllingrelevante Standards im Management Approach

Abbildung 9 gibt eine Übersicht über die wichtigsten Standards, in denen Controller als Informationsdienstleister von Seiten der Bilanzierung in Anspruch genommen werden können, und erläutert in diesem Zusammenhang, in welchen Aspekten auf die internen Controllinginstrumente zurückgegriffen werden muss.[28]

In dem Maße, in dem die von der Bilanzierung für Zwecke der Finanzberichterstattung nach IFRS aus dem Controllerbereich angeforderten internen Informationen nicht bereitgestellt werden können, entsteht eine intensive Interaktion zwischen beiden Bereichen. Eine Anpassung der Controllinginstrumente auch für interne Zwecke ist dann – und nur dann – vorzunehmen, wenn daraus ein positiver Steuerungsimpuls im Sinne einer effektiveren Controllerarbeit zu erwarten ist. So kann z. B. die Notwendigkeit der Abgrenzung von Entwicklungskosten gem. IAS 38 ein Anstoß zu einem verbesserten Projektcontrolling im F&E-Bereich dienen.

---

[26] Vgl. hierzu den Beitrag von Bartelheimer/Kückelhaus/Wohlthat, Auswirkungen des Impairment of Assets auf die interne Steuerung, Zeitschrift für Controlling & Management, Sonderheft 2/2004 IFRS und Controlling, S. 22–31.

[27] Ein detaillierter Überblick über die Verknüpfung des IFRS-Abschlusses mit den verschiedenen Komponenten innerbetrieblicher Informationssysteme findet sich bei Kirsch, Informationsmanagement für den IFRS-Abschluss, München, 2005.

[28] Es ist zu beachten, dass in Abhängigkeit von der jeweiligen Geschäftssituation bzw. aus dem Ausgestaltungsstand der Controllinginstrumente die Relevanz einzelner Standards für den Controllerbereich vor dem Hintergrund des Management Approach stark divergieren kann. Vgl. zu Details auch Weißenberger/Haas. IAS/IFRS: Der Veränderungsbedarf in Unternehmensrechnung und Controlling, Der Controlling-Berater, 2005, Nr. 7, S. 49–78.

Standard	Beispielhafte Anwendungsfelder des Management Approach
IAS 2 (Inventories)	z. B. Rückgriff auf **produktionsorientiert erfasste Herstellungskosten**
IAS 11 (Construction Contracts)	z. B. Rückgriff auf **Projektplanung und -kalkulation** zur Ermittlung des Fertigstellungsgrads bei Teilgewinnrealisierung (Percentage-of-Completion-Methode)
IAS 12 (Income Taxes)	z. B. Rückgriff auf **Ergebnisplanung** zur Einschätzung der Werthaltigkeit aktiver Steuerabgrenzungen
IAS 14 (Segment Reporting)	z. B. Anknüpfung der Segmentierung/Segmentkategorisierung (primär vs. sekundär) an **interne Berichtsstrukturen**
IAS 16 (Property, Plant and Equipment)	z. B. Verwendung von Informationen über die **voraussichtliche Lebensdauer** von abnutzbaren Sachanlagen bzw. deren **Komponenten** z. B. Fundierung von Zeitwerten im Rahmen der Neubewertung durch in der Anlagenbuchhaltung für kalkulatorische Zwecke vorgehaltene **Wiederbeschaffungswerte**
IAS 18 (Revenues)	z. B. Rückgriff auf **risikoorientierte Erfassung von Geschäftsvorfällen** zur Bestimmung der realisierten Umsätze
IAS 24 (Related Party Disclosures)	z. B. Rückgriff auf **separate Erfassung von Transaktionen** mit nahe stehenden Personen und Unternehmen
IAS 36 (Impairment of Assets)	z. B. Rückgriff auf **Indikatoren** zur unterjährigen Durchführung von Impairmenttests z. B. Bildung von Bewertungseinheiten (cash generating units) auf Basis der **Objektstrukturen** in der Finanz-/Cashflow-Planung z. B. Ermittlung des Nutzungswerts (value in use) auf Basis der **mittelfristigen Finanz-/Cashflow-Planung**
IAS 38 (Intangible Assets)	z. B. Rückgriff auf **Projektplanung und -kalkulation** zur Aktivierung selbst erstellten immateriellen Vermögens bzw. Entwicklungsausgaben
IAS 39 (Financial Instruments: Recognition and Measurement) i.V. m. IAS 32 und IFRS 7	z. B. Rückgriff auf interne **Risikomanagementsysteme** zur **Dokumentierung von Sicherungszusammenhängen** für Zwecke des Hedge Accounting
IAS 40 (Investment Properties)	z. B. Fundierung der Zeitbewertung von Renditeimmobilien durch **interne Projektplanung**
IFRS 3 (Business Combinations)	z. B. Rückgriff auf **Indikatoren** zur unterjährigen Durchführung von Goodwill-Impairmenttests z. B. Discounted-Cashflow-Bewertung goodwilltragender Einheiten auf Basis der **mittelfristigen Finanz-/Cashflow-Planung** zum Zweck eines Goodwill-Impairmen
IFRS 5 (Discontinued Operations)	z. B. Rückgriff auf **interne Abgrenzung stillzulegender operativer Bereiche**

Abb. 9: Wichtige Anwendungsfelder des Management Approach

Wachsende Bedeutung des Controllerbereichs durch Management Approach

Insgesamt ist zu erwarten, dass durch die IFRS der Controllerbereich eine größere Bedeutung innerhalb des Unternehmens erreicht als bisher, denn mit der Informationsfunktion im Sinne des Management Approach geht es darum, bilanzielle Werte nicht nur zu fundieren, sondern auch zu plausibilisieren. Dies ist ohne tief greifende Kenntnis der Prozesse, Strukturen und Rahmenbedingungen der Geschäfte des Unternehmens nicht zu leisten.

> Im Kontext des Management Approach sind nicht alle IAS bzw. IFRS gleichermaßen controllingrelevant. In jedem Fall müssen aber die Controllinginstrumente auf die Kompatibilität bezüglich der unternehmensindividuell bedeutsamen Informationsbedarfe aus der Finanzberichterstattung überprüft werden. Mögliche Anpassungen und Erweiterungen können dabei auch einen positiven Steuerungsimpuls im Sinne einer effektiveren Controllerarbeit geben.

5.3 Aus dem Management Approach resultierende Erweiterungs- und Anpassungsbedarfe

Die aus dem Management Approach resultierenden Erweiterungs- und Anpassungsbedarfe betreffen zunächst vor allem die Aktionsfelder der Controller in Planung und Berichtswesen. Dadurch bedingt sind auch die unterstützende Gestaltung der Vorsysteme bzw. der Organisation des Controllerbereichs einzubeziehen. Die Frage der Ergebnisrechnung zu Zwecken der Steuerung bzw. des Performance Measurement wird durch den Management Approach nur mittelbar berührt, nämlich wenn extern freiwillige Informationen zur Incentivierung, z. B. im Rahmen eines Value Reporting, publiziert werden. Die folgende Übersicht erläutert beispielhaft, wo Schwerpunkte der Erweiterungs- und Anpassungsbedarfe in der Unternehmenspraxis liegen können.

5.3.1 Planung

Rückgriff auf die Mittelfristplanung

Im Bereich der Planung greifen die IFRS zunächst an mehreren Stellen auf die Aussagen der Mittelfristplanung zurück. So wird z. B. die mittelfristige Finanz-/Cashflow-Planung benötigt, um den nach IAS 36 erforderlichen Impairmenttests für langfristige Sach- und immaterielle Vermögenswerte sowie für Goodwill aus Unternehmenserwerben gem. IFRS 3 zu fundieren. Auch die Ermittlung des Fair Values z. B. bei der Bewertung von Renditeimmobilien gem.

IAS 40 auf Basis der Discounted Cashflow-Methode greift auf die Mittelfristplanung zurück. Die notwendigen Anpassungsprozesse innerhalb der Planung insbesondere zur Fair-Value-Ermittlung können im Einzelfall sehr umfangreich sein und den Controllerbereich zeitweise sehr belasten.

Zu beachten ist, dass die IFRS in den jeweiligen Standards z. T. detaillierte Vorschriften für die der Bewertung zugrunde liegende Cashflow-Planung aufstellen. So sind z. B. nach IAS 36 Cashflows ohne Berücksichtigung künftiger Restrukturierungen oder Prozessverbesserungen zu planen; Finanzierungs- und Steuereffekte dürfen nicht berücksichtigt werden. Unternehmensspezifische Gegebenheiten, z. B. unternehmensindividuelle Synergien aus der Nutzung eines Vermögenswertes, dürfen jedoch einfließen – anders als in der Cashflow-Planung, die zur Bewertung von Renditeimmobilien gem. IAS 40 verwendet wird, da dort eine möglichst allgemeine Marktbewertung abgebildet werden soll.

Neben der mittelfristigen Finanz-/Cashflow-Planung ist im Rahmen des Management Approach i. d. R. auch der Rückgriff auf die mittelfristige Ergebnisplanung[29] erforderlich, z. B. um die Werthaltigkeit aktiver latenter Steuerpositionen gem. IAS 12 zu überprüfen. Hier geht es darum, inwieweit zukünftig steuerbare Ergebnisse und damit eine Geltendmachung der erwarteten Steuervorteile möglich sind.

Weiterhin werden Prognosewerte beispielsweise aus der Projektkalkulation benötigt, z. B. um bei langfristigen Fertigungsaufträgen gem. IAS 11 den erwarteten Projektumsatz sowie den Fertigstellungsgrad zu schätzen oder um im F&E-Bereich gem. IAS 38 die Bedingungen für die Aktivierung von Entwicklungsausgaben zu überprüfen.

Weitere Bedarfe an Planungs- und Prognoserechnungen

Auch im Rahmen der freiwilligen Publizität, z. B. innerhalb eines zukunftsorientierten Value Reporting, kann es zu neuen Informationsleistungen des Controllerbereichs aus der Planung heraus kommen, wenn z. B. der Abschlussprüfer im Rahmen der prüferischen Durchsicht die Größen des Value Reporting mit den internen Planungssystemen plausibilisiert.[30]

---

[29] Idealerweise sind die Finanz-/Cashflow-Planung und die Ergebnisplanung als integriertes Planungssystem ausgestaltet und konsistent miteinander verzahnt. Dennoch sind sowohl zahlungsbasierte als auch Ergebnisgrößen erforderlich, um die unterschiedlichen Informationsbedarfe aus einzelnen IAS/IFRS abzudecken.
[30] Vgl. Hayn/Matena, Prüfung des Value Reporting durch den Abschlussprüfer, Zeitschrift für Planung, 16. Jg. (2005), S. 425–449.

5.3.2 Berichtswesen

Segmentbericht: Rückgriff auf die interne Reportingstruktur

Im Berichtswesen liefert die Reportingstruktur auf Ebene der Unternehmensleitung die Grundlage für die Segmentberichterstattung nach IAS 14. Dabei gelten für die Segmentierung folgende Grundlagen nach IAS 14:

▷ Ein Segment ist eine Teilaktivität, die sich mit der Bereitstellung von Produkten und Dienstleistungen befasst und die sich bezüglich ihrer Risiko-/Ertragsstruktur von anderen Teilaktivitäten unterscheidet.

▷ Segmente müssen sowohl geschäftsfeldbezogen als auch regional (nach Produktions- oder Absatzstandorten) gegliedert werden. Eine abweichende Segmentierung, z. B. nach rechtlichen Einheiten, ist nicht gestattet.

▷ Für denjenigen der beiden Segmentgliederungstypen, der auch im zentralen Reporting verwendet wird (so genannte primäre Segmentkategorie), sind im Segmentbericht nach IAS 14 umfangreiche Angaben offen zu legen.[31]

Da Segmente ab einer Mindestgröße nur unter eingeschränkten Bedingungen (im Wesentlichen ähnliche Risiko-/Ertragsstruktur) zusammengefasst werden dürfen, kann das interne Reporting über lukrative Marktnischen gegebenenfalls zu unerwünschten Publikationseffekten gegenüber Wettbewerbern führen.

Zu beachten ist weiterhin, dass freiwillige Segmentinformationen, z. B. ein Segment-Cashflow, nur dann im IFRS-Segmentbericht angegeben werden dürfen, wenn sie Bestandteil des internen Reportings sind.

Herleitung von Indikatoren für den Impairmenttest

Auf das Berichtswesen wird weiterhin zurückgegriffen, wenn es um die Beobachtung von Indikatoren zur Bestimmung der Notwendigkeit von unterjährigen Impairmenttests gem. IAS 36 geht. Diese Indikatoren werden u. a. aus den jeweils als relevant definierten Unternehmenskennzahlen hergeleitet.

Ein Rückgriff auf die Anlagenbuchhaltung ist erforderlich, um die wirtschaftliche Nutzungsdauer von Sachanlagen gem. IAS 16 zu ermitteln. Weiterhin werden die Ist-Werte aus der Projektkalkulation für die IFRS-Berichterstattung zur Ermittlung des Fertigstellungsgrads in der Langfristfertigung (IAS 11) sowie zur Bewertung immateriellen Vermögens bzw. Aktivierung von Entwicklungsausgaben (IAS 38) benötigt. Eine weitere Schnittstelle im Berichtswesen

---

[31] Dies sind gem. IAS 14.50ff. für jedes primäre Segment Innen- und Außenumsatzerlöse, Ergebnis, Vermögen, Schulden, Investitionen, Abschreibungen, Equity-Erträge und sonstige, wesentliche zahlungsunwirksamen Aufwendungen. Für die sekundäre Segmentkategorie sind nach IAS 14.69ff. nur Außenerlöse, Vermögen und Investitionen anzugeben.

liegt bei der internen Ergebnisrechnung nach dem Umsatzkosten-verfahren, die auch für externe Berichtsstrukturen empfohlen wird.[32]

Schließlich spielen im Kontext mit der Bilanzierung von Finanz-instrumenten gem. IAS 39 die im Risikoberichtswesen dokumen-tierten Hedging-Beziehungen eine wichtige Rolle. Hier sind ggf. Anpassungen im internen Risikomanagementsystem erforderlich, sofern eine entsprechende Dokumentation zur Fundierung von Bilanzierungsvorgängen in Verbindung mit Finanzinstrumenten gewünscht wird.

5.3.3 Steuerung/Performance Measurement

Für Zwecke der internen Steuerung bzw. des Performance Measu-rement werden auf Top-Management- bzw. Segmentebene vielfach wertorientierte (Segment-)Ergebnisse wie z. B. ein (Segment-)Wert-beitrag auf Basis des EVA- oder CVA-Konzepts verwendet. Werden solche Größen von IFRS-Bilanzierern jedoch freiwillig berichtet, fordern Investoren vielfach eine Überleitung dieser Erfolgsmaße auf die publizierten Größen des zugrunde liegenden IFRS-Abschlusses. Von Seiten des Controllerbereichs müssen deshalb diese Erfolgs-maße einschließlich der jeweiligen Ermittlungslogik an die Bilan-zierung weitergegeben werden.

In diesem Zusammenhang können sich vor dem Hintergrund des Management Approach Rückwirkungen auf die Arbeit des Control-lers bei der Entwicklung entsprechender wertorientierter Erfolgs-maße ergeben. So wird vielfach von Finanzinvestoren eine möglichst einfache Brückenrechnung von Größen der Finanzberichterstattung auf die wertorientierten Erfolgsmaße gewünscht, was den intern an sich vorhandenen Gestaltungsspielraum dieser Erfolgsmaße ein-schränken kann.

Management Approach im Kontext der freiwilligen Publizität

5.3.4 Gestaltung der Vorsysteme

Da die Umstellung auf die IFRS-Rechnungslegung häufig auch mit einer Beschleunigung des externen Reportings (Fast Close[33]) ver-bunden ist, werden vergleichbare Anforderungen auch an die internen Vorsysteme gestellt, auf die das Controlling zurückgreift. Die im Rahmen des Management Approach durch das Controlling erforderlichen Informationen aus Planung, Berichtswesen und Performance Measurement sind nämlich entsprechend zeitnah

Zeitnahe Infor-mationsbereit-stellung

---

[32] Vgl. Krimpmann, Vom Gesamtkostenverfahren zum Umsatzkostenverfahren, Accounting, 5. Jg. (2005), Heft 7, S. 10–14.
[33] Vgl. hierzu u. a. den Beitrag von Eggemann/Petry, Fast Close – Verkürzung von Aufstellungs- und Veröffentlichungszeiten für Jahres- und Konzernabschlüsse, Der Betriebs-Berater, 57. Jg. (2002), S. 1635–1638.

bereitzustellen. Dies gilt nicht nur für die Jahresberichterstattung: Bei börsennotierten Gesellschaften, die in bestimmten Marktsegmenten verpflichtet sind, Quartalsberichte zu erstellen, ist dies z. B. im Drei-Monats-Rhythmus der Fall.

Optimierung von IT-Komponenten

Der Fokus im Rahmen der Gestaltung der Vorsysteme liegt auf der Optimierung von IT-Komponenten und der damit verbundenen Reorganisation interner Transaktionsprozesse.[34] So müssen beispielsweise Buchhaltungs-, Planungs- und Konsolidierungssoftware integriert sein – dies impliziert u. a. eine einheitliche und zentralisierte Systemlandschaft, automatische Datenübertragung aus Vorsystemen sowie zentrale Systeme zur Datenspeicherung. Manuelle Überleitungen bzw. Nebenrechnungen oder das Führen paralleler Datenbanken können hingegen die zeitnahe und verlässliche Bereitstellung von Management-Approach-Informationen beeinträchtigen. Weitere technologische Aspekte im Rahmen der Optimierung sind in diesem Zusammenhang die Verwendung von OLAP-basierten Auswertungssystemen sowie die Möglichkeit von Online-Datenzugriff und -auswertung, um die Analysefähigkeit der Management-Approach-Informationen sicherzustellen.

Controller müssen in diesem Zusammenhang insbesondere dafür Sorge tragen, dass sie gegenüber den unternehmensinternen IT-Abteilungen insoweit sprachfähig sind, dass sie die controllingseitigen Anforderungen an die eingesetzten Vorsysteme klar kommunizieren können.

Ein Sonderfall gilt für IFRS-Bilanzierer, die gleichzeitig an einer US-amerikanischen Börse gelistet sind. Sie haben bei der Gestaltung der internen Vorsysteme durch den Controllerbereich die Anforderungen des Sarbanes-Oxley-Act zu beachten, wenn im Rahmen des Management Approach Informationen für die der SEC vorgelegten Abschlüsse hergeleitet werden.[35]

Chance für mehr Controlling-effizienz

Die Optimierung der Vorsysteme des Controllings für die Bereitstellung von Management-Approach-Informationen stellt auch eine Chance für den Controllerbereich dar, der damit gleichzeitig eine

---

[34] Vgl. hierzu und im Folgenden u. a. Kümmel/Watterot, Neue Entwicklungen im internationalen Konzerncontrolling am Beispiel Bosch, in: Horváth (Hrsg.), Organisationsstrukturen und Geschäftsprozesse wirkungsvoll steuern, Stuttgart, 2005, S. 11–32, hier S. 25ff.

[35] Der Sarbanes-Oxley-Act bzw. die darauf aufbauend von der SEC erlassenen Ausführungsregelungen stellen umfangreiche Anforderungen u. a. an interne Kontrollen und Dokumentationen. Damit soll sichergestellt werden, dass die Publikation fehlerhafter oder unvollständiger Informationen in der Finanzberichterstattung verhindert wird. Vgl. hierzu ausführlich die Stellungnahme des Arbeitskreises „Externe und interne Überwachung der Unternehmung" der Schmalenbach-Gesellschaft für Betriebswirtschaft, Auswirkungen des Sarbanes-Oxley-Act auf die interne und externe Unternehmensüberwachung, Der Betriebs-Berater, 59. Jg. (2004), S. 2399–2408.

verbesserte Bereitstellung der internen Steuerungsinformationen und dementsprechend eine Erhöhung der Controllingeffizienz erreichen kann.

5.3.5 Organisation

Auf organisatorischer Ebene macht der Management Approach zwingend den Aufbau bzw. die Pflege von IFRS-Know-how erforderlich. Dabei findet idealerweise ein regelmäßiger Wissensaustausch mit der Bilanzierung insbesondere bezogen auf die controllingrelevanten Standards statt. Denkbar ist beispielsweise, dass die zeitaufwändige Beobachtung des Standardsettingprozesses vollständig der Bilanzierung übertragen wird, die dann im Drei-Monats-Zyklus z. B. in Form von Kurzreferaten über mögliche Neuerungen berichtet.

Know-how-Träger müssen alle Controller sein, die mit der Generierung und Kommunikation von IFRS-relevanten Informationen betraut sind, wobei eine inhaltliche Schwerpunktbildung bezüglich einzelner IFRS-Themen, z. B. Impairment, immaterielles Vermögen usw., in einzelnen Kompetenzteams sinnvoll ist. Dabei ist auch zu prüfen, welche Kompetenzen in dezentralen Controllerbereichen aufgebaut werden müssen bzw. welche Kompetenzen eher zentral vorgehalten werden sollten: So werden z. B. Goodwill-Impairment-Tests gem. IAS 36 i. d. R. zentral durchgeführt, sodass auch die entsprechenden Know-how-Träger aus dem zentralen Controllerbereich stammen müssen.

Verankerung von IFRS-Know-how im Controlling

Weiterhin müssen durch die verstärkte Zusammenarbeit neue Kommunikationskanäle mit den Aufgabenträgern der IFRS-Finanzberichterstattung institutionalisiert werden. Bei der Zeit- und Ressourcenplanung im Controllerbereich ist die Erstellung, Weitergabe und Erläuterung von IFRS-relevanten Informationen zu berücksichtigen. Adressaten sind nicht mehr nur Manager mit internen Steuerungsaufgaben, sondern auch alle Akteure in den Bereichen Bilanzierung, Investor Relations sowie ggf. externe Wirtschaftsprüfer, Aufsichts- oder Beiräte.

Eine abteilungsübergreifende Integration von Controllerbereich und Bilanzierung allein für Zwecke der Bereitstellung von Management-Approach-Informationen ist nicht zwingend erforderlich. Allerdings ist im Kontext des Management Approach im Rahmen der Organisation der Personalentwicklung im Controllerbereich auf einen stärkeren Austausch mit der Bilanzierung zu achten. In die typische Ausbildung von Controllern sollten verstärkt grundlegende Kenntnisse aus der externen Rechnungslegung integriert werden, z. B. durch „Ausbildungsstationen" in diesem Bereich.

Höhere personelle Durchlässigkeit zwischen Controllerbereich und Bilanzierung

6 Integration von interner und externer Rechnungslegung

6.1 Grundlagen der integrierten Rechnungslegung

Die Integration von interner und externer Rechnungslegung hat im deutschsprachigen Raum seit den 90er Jahren zunehmend an Praxisrelevanz gewonnen.[36] Im Mittelpunkt der integrierten Rechnungslegung steht – wie schon in Abschnitt 4.1 angesprochen – die Übereinstimmung der Ergebnisrechnung für Planungs-, Steuerungs- und Kontrollaufgaben auf Unternehmens-, Segment- oder Geschäftsbereichsebene mit den extern publizierten Ergebnisgrößen. Die Integration der internen und externen Rechnungslegung wird dabei durch die charakteristischen Merkmale der IFRS-Finanzberichterstattung unterstützt, die – anders als die traditionelle Rechnungslegung nach HGB – durch die ausgeprägte ökonomische Perspektive näher an den Steuerungsbedarfen der internen Rechnungslegung liegt (vgl. Abschnitt 3.3), diese jedoch nicht immer abdeckt (vgl. Abbildung 10).

Externe Finanzberichterstattung nach...		Interne Ergebnisrechnung
HGB	IFRS	
Gläubigerschutz-orientiert	Investor-orientiert	Steuerungs-orientiert
Vergangenheitsorientiert/ Reliabilität	Zukunftsorientiert/ Entscheidungsrelevanz	Zukunftsorientiert/ Entscheidungs- und Steuerungsrelevanz
Imparitätisches Realisationsprinzip	Fair-Value-Bilanzierung	Kalkulatorische und/oder wertorientierte Rechnung
Nationale Gesetzgebung	Supranationaler Standard	Individuelle Gestaltbarkeit

Abb. 10: Gegenüberstellung wichtiger Merkmale der externen Finanzberichterstattung nach HGB/IFRS und der internen Ergebnisrechnung

---

[36] Ein wichtiger Anstoß der Diskussion im deutschsprachigen Raum war der Beitrag von Ziegler, Neuorientierung des internen Rechnungswesens für das Unternehmens-Controlling im Hause Siemens, Zeitschrift für betriebswirtschaftliche Forschung, 46. Jg. (1994), S. 175–188.

Die Grundidee einer vollständigen Integration von interner und externer Rechnungslegung wird durch folgende Charakteristika beschrieben:

Charakteristika einer voll integrierten Rechnungslegung

▷ der Verzicht auf die laufende Verrechnung kalkulatorischer Kostenarten in der internen Ergebnisrechnung, da dies die Abstimmung zwischen externem und internem Ergebnis äußerst komplex und zeitaufwändig macht,[37]

▷ ein integrierter Kontenplan für die externe und interne Berichterstattung sowie

▷ einheitliche Bilanzierungs- und Bewertungsmethoden einschließlich der damit verbundenen Abgrenzungssysteme.

Die vollständige Integration von externer und interner Rechnungslegung bedeutet damit praktisch den Rückgriff auf eine einheitliche Datenbasis mit vollständig identischen Bewertungsansätzen, die aus den operativen buchhalterischen Vorsystemen und sonstigen Datenquellen extrahiert wird.

Keine Integration von Berichtsformaten oder Verrechnungsroutinen

Die Integration von interner und externer Rechnungslegung erstreckt sich damit explizit nicht auf Berichtsformate (z.B. die Erstellung einer mehrstufigen bzw. mehrdimensionalen Deckungsbeitragsrechnung) sowie auf Planungs-, Kalkulations- und Verrechnungsroutinen. Diese müssen für interne Controllingzwecke weiterhin bestehen bleiben: Die Finanzberichterstattung nach IFRS ist allein nicht in der Lage, die Kernaufgabe von Controllern, nämlich die Gestaltung und Begleitung des Managementprozesses der Zielfindung, Planung und Steuerung, zu erfüllen.

> Die Integration von interner und externer Rechnungslegung erstreckt sich explizit nicht auf Berichtsformate oder auf Planungs-, Kalkulations- und Verrechnungsroutinen. Diese müssen für interne Controllingzwecke weiterhin bestehen bleiben: Die Finanzberichterstattung nach IFRS ist nämlich allein nicht in der Lage, die Controllingaufgaben zu erfüllen.

---

[37] Grundsätzlich können solche Abstimmbrücken zwar durchgeführt werden, vgl. z.B. Horváth (2003), S. Controlling, Stuttgart, S. 498. Empirische Untersuchungen zeigen jedoch, dass eine Vielzahl von Unternehmen in der Praxis diese Abstimmung nicht durchführen, vgl. z.B. Währisch, Kostenrechnungspraxis in der deutschen Industrie – eine empirische Studie, Wiesbaden, 1998, hier S. 195, der dies für rund 40 % der befragten mittleren und Großunternehmen sowie für knapp 60 % der Kleinunternehmen belegt. Konzeptionell wird dies u.a. von Franz/Albert (Hrsg.), Kostenrechnung im international vernetzten Konzern, zfbf-Sonderheft 49/2003, hier S. 149f., begründet: Gerade in internationalen Konzernen fehlt häufig eine konsistente und durchgängig aufgebaute Konzernkostenrechnung, mit der diese Überleitung hätte fundiert werden können.

6.2 Controllingrelevante Argumente für bzw. gegen eine integrierte Rechnungslegung

Aus Controllersicht sprechen zunächst verschiedene Gründe für die Umsetzung einer integrierten Rechnungslegung in einem nach IFRS bilanzierenden Unternehmen.

Argumente für die integrierte Rechnungslegung

Im Mittelpunkt steht die Verbesserung von Kommunikation und Steuerung kapitalmarktorientiert ausgerichteter Unternehmen.[38] Die integrierte Rechnungslegung trägt dazu bei, nicht nur auf Gesamtunternehmensebene, sondern auch auf nachgelagerten Steuerungsebenen Pläne zu entwickeln, die dazu geeignet sind, nach außen kommunizierte finanzielle Ziele umzusetzen und zu erreichen. Gleichzeitig wird die Unternehmensleitung durch die integrierte Rechnungslegung gegenüber externen Investoren und Analysten sprachfähig gemacht, was die Begründung vergangener bzw. die Erläuterung prognostizierter Entwicklungen im Unternehmen betrifft.[39] Aber auch bei nicht kapitalmarktorientierten Unternehmen kann die integrierte Rechnungslegung eine ebenso effiziente wie eingängige Möglichkeit der internen Kommunikation finanzieller Informationen für Zwecke der laufenden wie strategischen Steuerung darstellen.[40]

Aus betriebswirtschaftlicher Sicht spricht schließlich gerade der in Abschnitt 3 erläuterte ökonomische Aussagegehalt der Ergebnisrechnung auf Basis der IFRS – im Gegensatz zu einer Ergebnisrechnung, die auf dem traditionellen deutschsprachigen Handelsrecht aufsetzen würde – für eine integrierte Rechnungslegung.

Argumente gegen eine integrierte Rechnungslegung

Allerdings gibt es auch eine Reihe von Gründen gegen eine vollständige Integration von interner und externer Rechnungslegung. Sie resultieren zunächst aus der konzeptionellen Ausrichtung der IFRS auf die Fundierung von Entscheidungen externer Investoren. So können in Einzelfällen die Bewertungsvorschriften auf IFRS-Basis internen Controllinganforderungen zuwiderlaufen. Beispielsweise können nach Einschätzung der Arbeitsgruppe z.B.

---

[38] Vgl. Horváth, Controlling, Stuttgart, 2003, hier S. 499.
[39] Vgl. hierzu auch die Stellungnahme der IFRS-Projektgruppe im Internationalen Controller Verein zur Optimierung des internen Berichtswesens, die u.a. die Bedeutung einer „einheitlichen Finanzsprache" im Unternehmen hervorhebt (vgl. Moussalem, Optimierung des internen Berichtswesens, in: Accounting, 5. Jg. (2005), Heft 9, S. 11).
[40] So belegt Sandt empirisch, dass Manager signifikant zufriedener sind, wenn Kennzahlen aus einer Hand, z.B. dem Controlling, vorgelegt werden bzw. wenn die Kennzahlen in einem Bericht vorgelegt werden. Vgl. Sandt, Kennzahlen für die Unternehmensführung – verlorenes Heimspiel für Controller? In: Zeitschrift für Controlling und Management, 47. Jg. (2004), S. 75–79.

über die Fair-Value-Bilanzierung aus Controllersicht unerwünschte, weil zufällige, Bewertungskomponenten in die interne Wirtschaftlichkeitsbetrachtung einfließen, die keinen Bezug zur eigentlichen Managementleistung besitzen.[41] Dies ist z. B. dann der Fall, wenn die Fair Values aus Marktpreisen abgeleitet werden, deren Veränderung unabhängig vom Erfolg des eigentlichen Geschäftsfelds ist, in dem das Unternehmen agiert (vgl. hierzu auch den folgenden Abschnitt 6.3).

Weiterhin besteht die Gefahr, dass Manager versuchen, bestimmte Informationen zu verzerren. So ist z. B. denkbar, dass aufgrund der Teilgewinnrealisierung innerhalb der Langfristfertigung ein Manager im Vertrieb, der Informationen über den Fertigstellungsgrad einer Anlage (und damit den zu realisierenden Teilgewinn) geben muss und der gleichzeitig auch auf Basis dieses Teilgewinns beurteilt wird, den Fertigstellungsgrad möglichst hoch bzw. das Erfüllungsrisiko möglichst gering angibt.

Schließlich wird häufig befürchtet, dass sich der Controllerbereich über eine strikt IFRS-basierte integrierte Rechnungslegung zur „Geisel des IASB" machen könnte, da jede Standardänderung sofort und vollständig in die für Controllingzwecke verwendete interne Ergebnisrechnung durchschlägt.

Controller als „Geisel" des IASB?

> Für eine integrierte Rechnungslegung spricht die verbesserte Möglichkeit der internen Kommunikation von kapitalmarktorientierten Zielen und Maßnahmen. Durch den engen Bezug zur ökonomischen Realität erweisen sich die IFRS hier strukturell auch für Controllingzwecke als geeignet. In manchen Fällen können die IFRS jedoch auch zu fehlerhaften internen Steuerungsimpulsen führen.

6.3 Problematik der Fair-Value-Bilanzierung für eine integrierte Rechnungslegung

Eine besondere Bedeutung in der IFRS-Rechnungslegung spielt die Fair-Value-(Zeitwert-)Bilanzierung,[42] die hier deshalb vertiefend betrachtet werden soll. Gerade im Kontext einer integrierten Rechnungslegung ist nämlich zu prüfen, inwieweit die Fair Values für Zwecke der internen Ergebnisrechnung eingesetzt werden können.

---

[41] Z. B. lehnt auch Lufthansa, die eine integrierte Rechnungslegung weit gehend umsetzen, die Übernahme von Fair Values ab, vgl. Beißel/Steinke, Integriertes Reporting unter IFRS bei der Lufthansa, Zeitschrift für Controlling und Management, Sonderheft 2/2004 IFRS und Controlling, S. 63–71, hier S. 69.

[42] Vgl. Wagenhofer, Internationale Rechnungslegungsstandards IAS/IFRS, Frankfurt/Main, 2005, hier S. 52f.

Begriff und Ermittlung des Fair Value

Der Fair Value ist inhaltlich zunächst als Oberbegriff aller marktnahen Wertansätze zu verstehen. Er ist der Betrag, zu dem voneinander unabhängige Parteien mit Sachverstand und Abschlusswillen und unter marktüblichen Bedingungen und ohne Abschlusszwang („at arm's length") bereit wären, einen Vermögenswert zu tauschen oder eine Schuld zu begleichen (vgl. z. B. IAS 16, IAS 38, IAS 39, IAS 40, IAS 41).

Zur Ermittlung des Fair Value ist nach IFRS grundsätzlich dreistufig vorzugehen:[43]

▷ Im ersten Schritt wird der Preis auf einem funktionsfähigen Markt herangezogen. Dies ist z. B. bei Finanzwerten oder Handelswaren einfach möglich.

▷ Ist ein solcher Preis nicht vorhanden, muss im zweiten Schritt auf Vergleichstransaktionen auf einem funktionsfähigen Markt zurückgegriffen werden, z. B. bei der Ermittlung des Fair Value von Immobilien.

▷ Ist dies ebenfalls nicht möglich, wird im dritten Schritt der Fair Value über geplante Cashflows geschätzt, wobei ein vollkommener Kapitalmarkt sowie in Einzelfällen (z. B. IAS 40) ein homogener Bewertungskontext der fiktiven Transaktionspartner unterstellt wird.

Differenzierte Sichtweise der Fair-Value-Bilanzierung aus Controllerperspektive

Aus Controllerperspektive ist die Fair-Value-Bilanzierung sehr differenziert zu sehen. Als vorteilhaft erweist sich, dass sich durch die Bewertung von Vermögenswerten und Schulden zum Zeitwert die Differenz des – z. B. aus dem Börsenkurs hergeleiteten – Marktwerts des Unternehmens zum Buchwert des Eigenkapitals (Market Value Added) verringert. In dem Maße, in dem die Börsenkurse Informationen über Zeitwerte von Vermögen und Schulden über die fortgeführten Anschaffungskosten bzw. Rückzahlungsbeträge hinaus enthalten, wird die Erfolgsrechnung für interne Zwecke durch die Fair-Value-Bilanzierung aussagekräftiger,[44] denn sie basiert auf zukunftsorientierten Informationen, die schon seit jeher für die Controllerarbeit benötigt werden.

Zudem weist das Management mit wachsender Bedeutung von Fair Values auch den Plan- bzw. Forecast-Werten eine höhere Bedeutung zu, da wichtige Fair-Value-Positionen explizit gesteuert

---

[43] Vgl. beispielhaft Lüdenbach/Hoffmann, Haufe IFRS-Kommentar, Stuttgart, 2005, § 31 Rz. 83.

[44] Vgl. Weißenberger/Blome, Wertorientierte Kennzahlen unter IFRS: Fair Value-Bewertung nach IFRS: Chancen und Risiken für die wertorientierte Steuerung mittels EVA, Accounting, 5. Jg. (2005), Heft 8, S. 11–15.

werden müssen, so z. B. umfangreiche Goodwill-Positionen im Rahmen eines eigenen Impairment-Controllings.[45]

Nachteilig ist andererseits die durch die Fair-Value-Bilanzierung steigende Kapital- bzw. Ergebnisvolatilität: Abgesehen von der oben bereits angesprochenen Problematik des Eindringens rein zufälliger Bewertungskomponenten werden im Rahmen der Fair-Value-Bilanzierung auch die Planungsprozesse in einer integrierten Rechnungslegung dementsprechend komplexer. Es müssen nämlich hier nicht nur Erfolgs-, sondern immer auch Bestandsgrößen geplant werden. Zudem steigt der Kommentierungsbedarf interner Berichte durch die Fair-Value-Bilanzierung.[46]

Ein weiteres Problem aus den Vorschriften innerhalb der IFRS zur Fair-Value-Bilanzierung ergibt sich durch die zunehmend bilanzorientierte, d. h. erfolgsneutrale, Verbuchung von Fair-Value-Änderungen in der IFRS-Bilanz: Wertänderungen aus den Anpassungen von Fair Values werden vielfach gar nicht (z. B. im Rahmen der Neubewertung, d. h. Revaluation gem. IAS 16 oder IAS 38) bzw. erst bei Abgang des Vermögenswerts (z. B. bei available-for-sale-Finanzinstrumenten) erfolgswirksam verbucht, sondern vielmehr erfolgsneutral mit dem Eigenkapital verrechnet.[47]

Problematik erfolgsneutraler Verbuchung von Fair-Value-Änderungen

Damit besteht aber gerade im Rahmen einer wertorientierten Ergebnisrechnung die Gefahr, dass die Aussagekraft der aus einer IFRS-basierten Rechnungslegung hergeleiteten Kennzahlen für Zwecke der laufenden internen Erfolgskontrolle eingeschränkt wird, weil zwar die Kapitalkosten auf der Basis von Marktwerten angesetzt werden, die Periodenüberschüsse diese Marktwertänderungen aber nicht bzw. nur zeitverzögert berücksichtigen. Damit werden insbesondere wertorientierte Kennzahlen verzerrt und sind dann nur noch eingeschränkt zur Bereichssteuerung einsetzbar.[48]

---

[45] Vgl. die Vorschläge bei Schultze/Hirsch, Unternehmenswertsteigerung durch wertorientiertes Controlling. Goodwill-Bilanzierung in der Unternehmenssteuerung, München, 2005.

[46] Vgl. kritisch Fleischer, Rolle des Controllings im Spannungsfeld internes und externes Reporting, in: Horváth (Hrsg.), Organisationsstrukturen und Geschäftsprozesse wirkungsvoll steuern, Stuttgart, 2005, S. 189–200, hier S. 198.

[47] Erfolgsneutral verbuchte Ergebniskomponenten werden dann lediglich im Rahmen einer Eigenkapitalveränderungsrechnung als so genanntes „other comprehensive income" bzw. „other recognised income and expense" gezeigt; sie sind nicht Bestandteil des Ergebnisses (profit or loss for the period). Vgl. Weißenberger, Ergebnisrechnung nach IFRS und interne Performancemessung, in: Wagenhofer (Hrsg.): Controlling und IFRS, Berlin, voraussichtlicher Erscheinungstermin 2006.

[48] Vgl. Weißenberger/Blome, Wertorientierte Kennzahlen unter IFRS: Fair Value-Bewertung nach IFRS: Chancen und Risiken für die wertorientierte Steuerung mittels EVA, Accounting, 5. Jg. (2005), Heft 8, S. 11–15.

> Die in den IFRS zunehmend bedeutsame Fair-Value-Bewertung
> ist aus Controllersicht bezüglich einer Übernahme in die
> interne Ergebnisrechnung kritisch zu prüfen. Erfolgsneutrale
> Fair-Value-Bewertungen sind aus Symmetriegründen in der
> wertorientierten Steuerung entweder abweichend von den
> IFRS-Vorschriften in die interne Ergebnisbetrachtung zu über-
> nehmen, oder es ist auf die interne Fair-Value-Bewertung der
> betroffenen Bestandsgrößen für die Ermittlung von Kapital-
> kosten zu verzichten.

7 Lösungsvorschlag: Partielle Integration der Rechnungslegung

7.1 Struktur einer partiell integrierten Rechnungslegung

Die im vorangegangenen Abschnitt dargestellten Argumente zeigen, dass eine vollständige Integration von interner und externer Rechnungslegung aus Controllersicht ebenso wenig sinnvoll ist wie ein Verzicht auf jegliche Abstimmung von interner und externer Ergebnisrechnung. Die Lösung dieses Dilemmas ist eine partiell integrierte Rechnungslegung, die durch folgende Merkmale charakterisiert ist:

Merkmale einer partiell integrierten Rechnungslegung

▷ die angestrebte Harmonisierung von externem und internem Ergebnis beschränkt sich auf die obersten Hierarchieebenen, d. h. in jedem Fall auf Gesamtunternehmens- und Segmentebene, in vielen Fällen auch auf die darunter liegende Geschäftsbereichs- bzw. Profit Center-Ebene,[49]

▷ es wird keine vollständige Übereinstimmung gefordert, sondern es sind einzelne Brückenpositionen erlaubt, um den Einfluss nicht steuerungsgerechter Standards innerhalb der IFRS zu eliminieren,

▷ die operative Produkt- und Prozesssteuerung erfolgt weiterhin auf der Basis eigenständiger interner Größen, die für Kalkulations-, Normierungs- oder Standardisierungszwecke angepasst werden können.

---

[49] In der Unternehmenspraxis sind die in der IFRS-Finanzberichterstattung angegebenen Segmente häufig sehr stark aggregiert. So weist z. B. der Siemenskonzern im Segmentbericht 2005 12 Segmente aus, die strategische Steuerung findet jedoch auf Basis von ca. 90 Geschäftsgebieten statt, die Geschäftsführung auf der Ebene von ca. 200 strategisch definierten Geschäftsfeldern (vgl. Feldmayer/Zimmermann, softwaregestützte, integrierte strategische Unternehmensplanung – dargestellt am Beispiel der Siemens AG, in: Hahn/Taylor (Hrsg.), Strategische Unternehmungsplanung – Strategische Unternehmungsführung, Berlin, 2005, S. 249–266, hier S. 251.

Eine partielle Integration realisiert zum einen die Kommunikationsfähigkeit gegenüber dem Kapitalmarkt und die Fähigkeit zur Entwicklung kapitalmarktorientierter Ziele und Maßnahmen auf den oberen Hierarchieebenen: Hier ist ein klarer Bezug zwischen der IFRS-Finanzberichterstattung und den internen Ergebnisgrößen möglich.

Integration auf oberen Hierarchieebenen

Durch die vergleichsweise geringe Anzahl betroffener Hierarchieebenen ist es im Rahmen einer partiellen Integration von externer und interner Rechnungslegung weiterhin möglich, innerhalb der internen Ergebnisrechnung einzelne IFRS-Positionen zu eliminieren bzw. anders zu bewerten und diese Veränderungen durch eine nachvollziehbare Überleitungsrechnung zu plausibilisieren.[50] Dies bedeutet aber auch, dass die Anzahl der Überleitungspositionen nicht überhand nehmen darf, um die Aussagekraft der integrierten Rechnungslegung nicht zu beeinträchtigen.[51]

Auf den operativen Steuerungsebenen können im Rahmen einer partiellen Integration für Controllingzwecke wie bisher Ergebnisse, z. B. in Form von Deckungsbeiträgen, auf Basis kalkulatorischer Standardkosten und -erlöse ermittelt und bis zur gewünschten Steuerungsebene aggregiert werden.

Kalkulatorische Rechnung auf operativen Steuerungsebenen

Ein Drill-Down des IFRS-basierten, ggf. modifizierten Gesamtergebnisses auf die Produkt-, Prozess- oder Kostenstellenebene ist bei einer partiell integrierten Rechnungslegung grundsätzlich nicht mehr möglich. Dabei lassen praktische[52] Erfahrungen aus dem Einsatz wertorientierter Steuerungskennzahlen darauf schließen, dass ein solcher Drill-Down für die Steuerung auf zentraler Ebene verzichtbar ist.[53]

---

[50] So eliminiert beispielsweise die Lufthansa in dem intern verwendeten „Ergebnis der betrieblichen Tätigkeit" u. a. Aufwendungen und Erträge aus der Bildung von Drohverlustrückstellungen, Erträge aus der Auflösung von Rückstellungen, Gewinne und Verluste aus der Stichtagsbewertung von langfristigen Finanzinstrumenten sowie außerplanmäßige Abschreibungen und Zuschreibungen auf Sachanlagen oder Goodwill; vgl. ausführlich Beißel/Steinke, Integriertes Reporting unter IFRS bei der Lufthansa, Zeitschrift für Controlling und Management, Sonderheft 2/2004 IFRS und Controlling, S. 63–71, hier S. 66f.

[51] Vereinfacht lässt sich hier die Leitlinie formulieren: So viel Überleitungspositionen wie nötig, so wenig Überleitungspositionen wie möglich.

[52] Vgl. hierzu die empirische Untersuchung von Haring/Prantner, Konvergenz des Rechnungswesens. State-of-the-Art in Deutschland und Österreich, Controlling, 17. Jg. (2005), S. 147ff.

[53] Dies ist bereits heute im Rahmen der wertorientierten Steuerung gebräuchlich, da man i. d. R. konzeptionell wie systemseitig nicht in der Lage ist, Kennzahlen wie z. B. den EVA oder CVA bis auf Kostenstellenebene herunterzubrechen. Stattdessen wird auf der operativen Ebene dann mit den jeweils relevanten Werttreibern gearbeitet. Vgl. hierzu Kümmel/Watterot, Neue Entwicklungen im internationalen Konzerncontrolling am Beispiel Bosch, in: Horváth (Hrsg.), Organisationsstrukturen und Geschäftsprozesse wirkungsvoll steuern, Stuttgart, 2005, S. 11–32, hier S. 14f.

Als Konsequenz der lediglich partiellen, d. h. auf die oberen Hierarchieebenen beschränkten Integration der Rechnungslegung verlagert sich die Bruchstelle in der Ergebnisrechnung, die traditionell zwischen extern und intern ausgewiesenem Ergebnis lag, auf die Ebene der operativen Profit Center- bzw. Cost Center-Steuerung.

Dies erscheint aus mehreren Gründen als unproblematisch:

Notwendigkeit eigenständiger operativer Steuerungsgrößen

▷ Zum einen werden im Rahmen der operativen Steuerung Entscheidungen vielfach sinnvoll über kalkulatorische Standard- bzw. Opportunitätskosten oder aber mithilfe leistungswirtschaftlicher Kennzahlen, z. B. im Rahmen von Werttreiberbetrachtungen, fundiert.[54] Unmittelbar IFRS-basierte Größen sind hier nur eingeschränkt geeignet.

▷ Vergleichbares gilt für die Bestandsbewertung, die intern betriebswirtschaftlich sinnvoll lediglich auf der Basis von Produkt-, d. h. proportionalen Kosten erfolgt. Bei einer unmittelbar IFRS-basierten Bestandsbewertung wären intern Vollkosten, d. h. auch anteilige Strukturkosten, zu verrechnen.

▷ Operative Entscheidungsträger haben i. d. R. keine unmittelbare Verantwortung bzw. Auskunftspflicht gegenüber Finanzinvestoren; eine Abstimmbrücke ist dementsprechend auf dieser Ebene nicht erforderlich. Sofern sie im Einzelfall dennoch notwendig sein sollte, ist sie auf einer entsprechend niedrigen Hierarchieebene vergleichsweise einfacher zu realisieren als gesamtunternehmensbezogen.

▷ Schließlich muss der Controllerbereich auf der Ebene der operativen Profit Center- bzw. Cost Center-Steuerung diese typischerweise in einem durch Vorgaben vergleichsweise eingeschränkten und homogenen Entscheidungsfeld unterstützen. Die hier erforderlichen Abweichungsanalysen finden nicht über IFRS-Größen statt, sondern auf der Basis der für diese Entscheidungsfelder zuzurechnenden Standard- bzw. kalkulatorischen Kosten. Abweichungen zwischen Plan- und Istkosten werden unmittelbar am Ort der Entstehung durch den Controllerbereich analysiert und durch entsprechende Gegensteuerungsmaßnahmen im Management beseitigt.

Zusätzliche Anforderungen an dezentrale Controller

Trotz der Vorteile einer partiellen Integration der Rechnungslegung entstehen zusätzliche Anforderungen auch an die dezentralen Controller. Sie müssen einerseits zumindest bis zur Segmentebene die Managementprozesse mithilfe der partiell integrierten Rechnungslegung unterstützen, andererseits aber sicherstellen, dass auf operativer Ebene durch Kosten- bzw. Ergebnisvorgaben der aus

---

[54] Vgl. hierzu u. a. die Ausführungen bei Pfaff, Kostenrechnung als Instrument der Entscheidungssteuerung: Chancen und Probleme, Kostenrechnungspraxis, 40. Jg. (1996), S. 151–156.

Sicht der Unternehmensleitung wünschenswerte Handlungsrahmen vorgegeben wird.

> Der Lösungsvorschlag einer partiellen Integration der Rechnungslegung beschränkt sich auf die oberen Hierarchieebenen der Unternehmensführung und kann im Einzelfall bilanzielle Bestands- oder Erfolgsgrößen abweichend bewerten.

7.2 Muster einer partiell integrierten Rechnungslegung

Die Ausgestaltungsmöglichkeiten einer Integration der Rechnungslegung in der betrieblichen Praxis lassen unterschiedliche Muster in Form von Integrationspfaden entstehen, die sich u. a. in zwei Dimensionen systematisieren lassen (vgl. Abbildung 11).

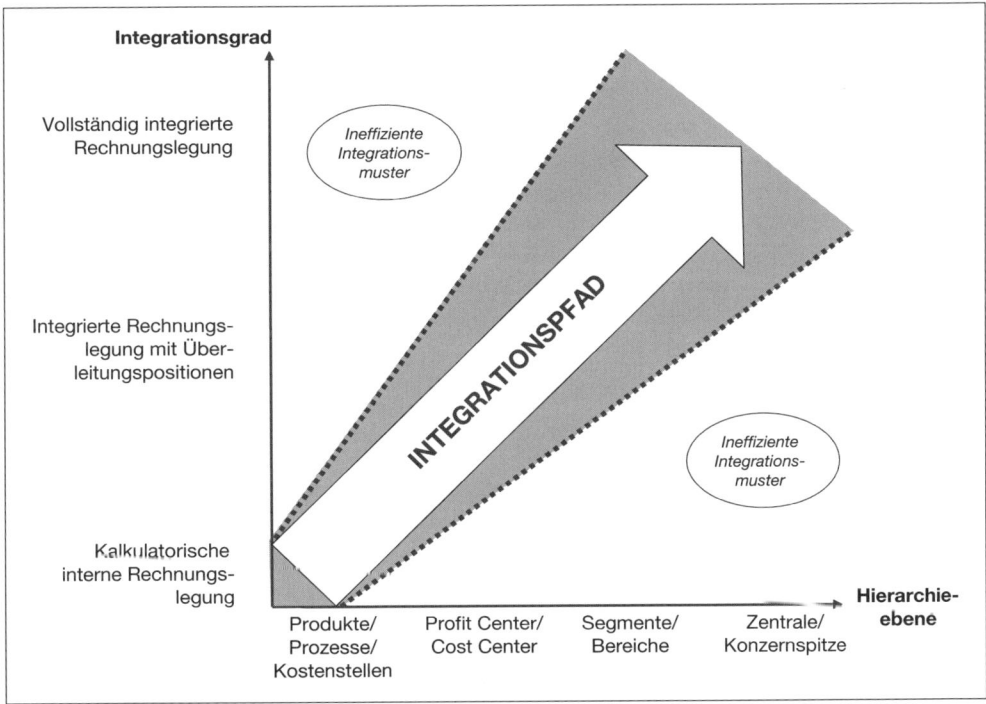

Abb. 11: Integrationspfad einer partiell integrierten Rechnungslegung

Dimensionen des Integrationsgrads

▷ Die erste Dimension differenziert bezogen auf den Integrationsgrad die Übereinstimmung der extern und intern ausgewiesenen Ergebnisse. Zwischenstufen auf diesem Weg von der getrennten zur integrierten Rechnungslegung sind Brückenrechnungen.

▷ Vereinfacht kann die Dimension des Integrationsgrads damit durch die Anzahl von Überleitungspositionen bzw. Anpassungen in den verwendeten finanziellen Rechengrößen im Vergleich zur IFRS-Finanzberichterstattung veranschaulicht werden: Diese Anzahl nimmt mit wachsendem Integrationsgrad ab. Die zweite Dimension ist die Aufbauorganisation; sie kann vereinfacht in die Ebenen Zentrale, Segmente bzw. strategische Geschäftsbereiche, Profit Center/Cost Center und Standorte bis hin auf die unterste Ebene des operativen Managements, z. B. Produkt- oder Kostenstellenebene, strukturiert werden.

Integrationspfad einer partiell integrierten Rechnungslegung

Abbildung 11 zeigt den Integrationspfad am Beispiel der hier vorgeschlagenen partiell integrierten Rechnungslegung. Hier nimmt die Anzahl der Brückenpositionen bzw. der Anpassungen mit wachsender Hierarchieebene ab. Auf Ebene der Unternehmenszentrale bzw. Konzernspitze sind keine bzw. nur ganz wenige Überleitungspositionen zu nach IFRS publizierten externen Größen erforderlich.

Andererseits sind gerade auf der operativen Ebene der Produkt-, Prozess- oder Kostenstellensteuerung die Anzahl notwendiger controllingrelevanter Anpassungen i. d. R. so umfangreich, dass eine integrierte Rechnungslegung hier nicht mehr sinnvoll erscheint. Der blau schattierte Bereich veranschaulicht auf Basis dieser Überlegungen effiziente Integrationsmuster im Rahmen einer partiellen Integration.

Verschiebung des Integrationspfads

Der in Abbildung 11 dargestellte Bereich effizienter Integrationsmuster kann sich dabei durch unternehmensspezifische Faktoren im Sinne einer Rechts- bzw. Linksdrehung verschieben (vgl. Abbildung 12). Eine Linksdrehung bedeutet, dass sich die Integration der Rechnungslegung zunehmend auch auf niedrige Hierarchieebenen erstreckt.[55]

Unternehmensspezifische Kontextfaktoren, die eine wachsende Integration der internen und externen Rechnungslegung begünstigen, sind u. a. eine geringe Fertigungstiefe, ein hoher Standardisierungsgrad der internen Leistungserstellungsprozesse, eine geringe Dynamik der Unternehmensinnen- und -umwelt oder die interne

---

[55] Ein senkrechter Integrationspfad entlang der Y-Achse würde dementsprechend einer vollständig integrierten Rechnungslegung entsprechen, ein waagerechter Integrationspfad entlang der X-Achse dementsprechend der traditionellen Form einer eigenständigen Ergebnisrechnung.

Verwendung marktbasierter Verrechnungspreise. In diesen Szenarien verlieren kalkulatorische Kostenbestandteile innerhalb der Ergebnisrechnung auch in der operativen Steuerung zum Teil an Bedeutung.[56] Auch bei hohen dezentralen Entscheidungskompetenzen bzw. einem Verzicht der Zentrale, operative oder strategische Sachziele vorzugeben, wie dies z. B. für eine Finanzholding charakteristisch ist, ist der Integrationspfad tendenziell nach links gedreht, d. h. die Integration erstreckt sich auch auf nachgelagerte Entscheidungsebenen (vgl. Abbildung 12).

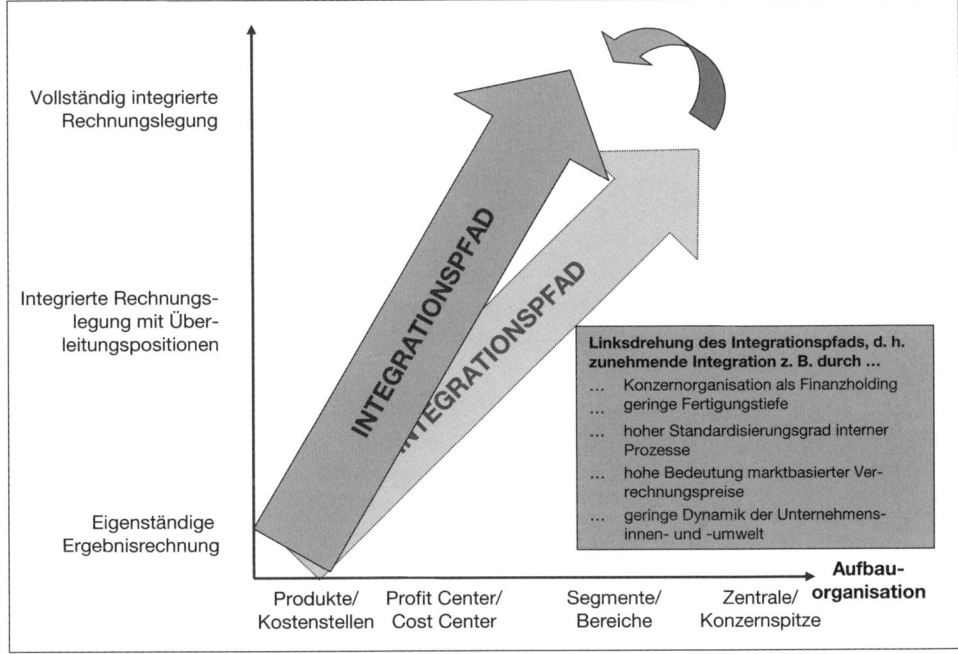

Abb. 12: Ausgewählte Kontextfaktoren für die Lage des Integrationspfads (Beispiel: Linksdrehung)

Für die Umsetzung einer integrierten Rechnungslegung existieren unterschiedliche Integrationsmuster. Dabei lässt sich bezogen auf Kriterien wie Integrationsgrad oder Aufbauorganisation ein Bereich effizienter Integrationsmuster abgrenzen. Die Lage dieses Bereichs wird durch unternehmensspezifische Kontextfaktoren beeinflusst.

---

[56] Zu den Unternehmen, in denen diese Perspektive zutrifft, gehören u. a. Handelskonzerne sowie andere Unternehmen, die durch eine geringe Wertschöpfungstiefe charakterisiert sind.

7.3 Aus einer partiell integrierten Rechnungslegung resultierende Erweiterungs- und Anpassungsbedarfe

Die Nutzung der IFRS-Rechnungslegung für interne Planungs-, Steuerungs- und Kontrollzwecke im Rahmen einer partiell integrierten Rechnungslegung macht Anpassungen in den verschiedenen originären bzw. derivativen Aktionsfeldern von Controllern notwendig. Im Folgenden werden analog zu Abschnitt 5.3 wichtige Erweiterungs- und Anpassungsbedarfe systematisch dargestellt.

7.3.1 Planung

Wird für Zwecke der internen Ergebnisrechnung auf eine integrierte Rechnungslegung zurückgegriffen, gilt dies nicht nur für Ist-, sondern auch für Planrechnungen. Insbesondere im Rahmen einer wertorientierten Steuerung müssen dann nicht nur Stromgrößen, sondern auch Bestandsgrößen geplant werden; es ist also z. B. auch eine mittelfristige Bilanzplanung erforderlich. Wird die integrierte Rechnungslegung – wie hier vorgeschlagen – nur aufden Top-Managementebenen realisiert, sind die erforderlichen Anpassungen der Unternehmensplanung allerdings mit beschränkt hohem Aufwand realisierbar.

Verschlankung von Planungsprozessen

Die Anpassung der Planungsprozesse bei der Umsetzung einer integrierten Rechnungslegung kann parallel dazu genutzt werden, bestehende Routinen zu entschlacken. So ist – im Sinne z. B. des derzeit verbreitet diskutierten Beyond Budgeting bzw. Better Budgeting – beispielsweise denkbar, dass eine Reduktion der Planungsobjekte vorgenommen wird, indem z. B. verstärkt Globalbudgets geplant werden, oder dass unterjährig vermehrt mit – ggf. benchmarkorientierten – Forecast-Größen gearbeitet wird.[57] Auch die Forecast-Größen müssen dann aber auf IFRS-Basis bereitgestellt werden.

7.3.2 Berichtswesen

Im Mittelpunkt der Umstellung auf eine integrierte Rechnungslegung auf IFRS-Basis stehen die Anpassungen des Berichtswesens.

Harmonisierung von internen und externen Berichtsformaten

So müssen interne und externe Berichtsformate in der Ergebnisrechnung harmonisiert werden. Da für interne Steuerungszwecke in der Regel eine monatliche Ergebnisrechnung nach dem Umsatzkostenverfahren anstelle des vielfach schwerfälligeren Gesamtkosten-

---

[57] Vgl. hierzu grundlegend Pfläging, Beyond Budgeting, Better Budgeting, Freiburg i. Br., 2004.

verfahrens eingesetzt wird, ist es sinnvoll, das – im internationalen Vergleich ohnehin weiter verbreitete – Umsatzkostenverfahren auch in der IFRS-Finanzberichterstattung anzuwenden.[58]

Dabei ist darauf zu achten, dass die interne Ergebnisrechnung im Umsatzkostenverfahren auf Proportionalkostenbasis, d. h. als Deckungsbeitragsrechnung, ausgestaltet wird,[59] um eine Schlüsselung von Strukturkosten und damit die Gefahr operativer Fehlentscheidungen zu vermeiden. Bei der internen Verwendung wertorientierter Steuerungsgrößen, wie z. B. einem EVA oder CVA, sind neben der Überschussgröße zusätzlich auch noch die relevanten Bestandsgrößen – ggf. unter Berücksichtigung der notwendigen Überleitungspositionen – zu berichten.

Erläuterung von Brücken-positionen

Die im Rahmen einer partiellen Integration der Rechnungslegung relevanten Brückenpositionen, z. B. der Verzicht auf die Einbeziehung von bestimmten Bewertungsänderungen oder bestimmter Vermögens- bzw. Kapitalkomponenten in die interne Erfolgsrechnung, sind durch Überleitungsrechnungen quantitativ zu fundieren und zu erläutern. Der Übergang von der internen zur externen Ergebnisrechnung wird so transparent gehalten, um eine effektive interne wie externe Kommunikation zu gewährleisten.

Entstehung neuer Berichtselemente

Bei der Übernahme von Fair Values aus der IFRS-Bilanzierung können neue Berichtselemente entstehen, wenn es nämlich als betriebswirtschaftliche Aufgabe des Managements angesehen wird, bestimmte bedeutende Fair-Value-Positionen, wie z. B. den Goodwill aus Unternehmenserwerb, explizit zu steuern.[60]

Gerade in der Phase der Umstellung der internen Ergebnisrechnung auf eine IFRS-basierte integrierte Rechnungslegung entsteht kurzfristig ein erhöhter Analyse- und Kommentierungsbedarf durch den Controller. Dies ist innerhalb der Organisation des Controllerbereichs durch die Einplanung entsprechender Ressourcen zu berücksichtigen.

Langfristig ist allerdings zu erwarten, dass sich durch einheitliche Berichtsgrößen bzw. -wege in den oberen Managementebenen der

---

[58] Gem. IAS 1 sind sowohl Umsatz- als auch Gesamtkostenverfahren für die Darstellung des betrieblichen Ergebnisses im IFRS-Income Statement erlaubt.

[59] Vgl. zu dieser Forderung ausführlich Horváth, Controlling, München, 2003, S. 489f.

[60] Allerdings ist die Eignung des IFRS-basierten Goodwill-Impairment für die interne Steuerung durchaus umstritten: Da bei der Ermittlung des Impairment nach IAS 36 bestimmte Faktoren, die den Kaufpreis und damit auch die Höhe des derivativen Goodwills eines Akquisitionsobjekts mit beeinflussen, nicht berücksichtigt werden dürfen (z. B. noch nicht angestoßene, aber geplante Erweiterungs- oder Restrukturierungsmaßnahmen), kann es in den Folgeperioden zu einem Impairment kommen, obwohl der derivative Goodwill aus betriebswirtschaftlicher Perspektive nicht abgenommen hat. Vgl. ausführlich Trützschler/David/Strauch/Tomaszewski, Unternehmensbewertung und Rechnungslegung von Akquisitionen, Zeitschrift für Planung, 16. Jg. 2005, S. 383–406, hier S. 404.

Überleitungs- und Erklärungsaufwand insgesamt reduziert und durch die übereinstimmende interne und externe Kommunikation von Ergebnisgrößen eine höhere Controllingeffizienz in der Zusammenarbeit mit dem Management erreicht wird.[61]

7.3.3 Steuerung/Performance Measurement

Sollten die Größen der integrierten Rechnungslegung zum operativen und strategischen Management leistungswirtschaftlicher Prozesse verwendet werden, muss das Management auch auf Basis dieser Größen incentiviert werden. Controller haben hierbei die Aufgabe, die für Anreizzwecke notwendigen Performancemaße bereitzustellen. Dabei ist zu prüfen, an welchen Stellen ggf. ein Verzicht auf die Übernahme ausgewählter IFRS-Positionen aus Anreizgesichtspunkten wünschenswert ist.

Eingeschränkte Relevanz von Fair Values für Incentivierungszwecke

Dies betrifft insbesondere zum Fair Value bewertete Bilanzpositionen. Sowohl strukturell als auch inhaltlich ist es im Lichte des Controllability-Prinzips meist nur wenig sinnvoll, nachgelagerte Managementebenen auf Basis von Fair Values zu beurteilen. Unter Zuhilfenahme entsprechender Erläuterungen und Kommentierungen erscheint es jedoch unproblematisch, die zu Anreizzwecken verwendeten Performancemaße entsprechend anzupassen.

Zu beachten ist weiterhin, dass in einer integrierten Rechnungslegung auf IFRS-Basis Erfolge vielfach anders periodisiert werden als in der traditionellen deutschsprachigen Rechnungslegung.[62] Dies kann bereits im einfachsten Fall die Vertriebssteuerung durch die abweichenden Vorschriften zur Umsatzrealisation gem. IAS 18 betreffen. Auch hierdurch steigt der an die Controller gerichtete Kommentierungs- und Erläuterungsbedarf, denn nur wenn das Management Auswirkungen eigener Handlungen auf die eingesetzten Erfolgskennzahlen antizipieren kann, wird der gewünschte Handlungsanreiz auch gesetzt.

---

[61] Vgl. Fleischer, Rolle des Controllings im Spannungsfeld internes und externes Reporting, in: Horváth (Hrsg.), Organisationsstrukturen und Geschäftsprozesse wirkungsvoll steuern, Stuttgart, 2005, S. 189–200, hier S. 192. Nach einer Studie von Accenture gehen deutsche Großunternehmen mehrheitlich davon aus, dass sich im Kontext einer integrierten Rechnungslegung der Schwerpunkt der Mitarbeiterkapazität nicht mehr in den Prozessschritten der Datenerfassung, -verarbeitung und -aufbereitung liegen wird, sondern vielmehr in der empfängerorientierten Datenanalyse und -simulation. Vgl. Accenture, Reporting Excellence, Frankfurt 2002, hier S. 14.

[62] Es ist zu vermuten, dass dieser Aspekt zukünftig noch mehr an Bedeutung gewinnt, da das IASB derzeit in Zusammenarbeit mit dem FASB das Realisationsprinzip sehr viel weiter als bisher formulieren will. So soll es z.B. unter bestimmten Bedingungen möglich sein, bereits beim Abschluss eines Kaufvertrags einen Gewinn in Höhe der Differenz zwischen Kaufpreiszahlung und erwarteter Leistungsverpflichtung auszuweisen. Vgl. zum Stand der Diskussion den Beitrag von Kühne, IASB diskutiert revolutionären Ansatz, Accounting, 5. Jg. (2005), Heft 6, S. 6–9.

7.3.4 Gestaltung der Vorsysteme

Anpassungsbedarfe betreffen bei einer Umsetzung der integrierten Rechnungslegung schließlich auch die Vorsysteme. Da Erfolgsgrößen für interne Zwecke nicht nur jahres- bzw. quartalsbezogen, sondern in aller Regel monatlich ermittelt werden müssen, kann die laufende Verbuchung von Geschäftsvorfällen nicht mehr auf Basis nationaler Rechnungslegungsvorschriften mit IFRS-Überleitung zum Jahres- bzw. zum Quartalsende erfolgen, sondern muss bereits unterjährig auf IFRS-Basis durchgeführt werden.[63] Nur so ist sichergestellt, dass für Zwecke einer zeitnahen internen Steuerung eine ausreichende Datenbasis vorhanden ist.

Laufende Verbuchung der Geschäftsvorfälle auf IFRS-Basis erforderlich

Notwendig ist auch die schon im Kontext des Management Approach in Abschnitt 5.3 angeführte Optimierung der IT-Umgebung, um die für interne Planungs-, Steuerungs- und Kontrollzwecke erforderliche monatliche Ergebnisrechnung zu realisieren. Erforderlich ist weiterhin die Zusammenführung von Plan- und Ist-Daten in den Datenbanksystemen, auf die für Controllingzwecke zurückgegriffen wird.[64]

Schließlich ist zu beachten, dass gerade in großen Unternehmen mit einer Vielzahl internationaler Beteiligungen durch die IFRS-basierte integrierte Rechnungslegung eine einheitliche durchgängige Finanzsprache etabliert wird. Auch hier ergeben sich Effizienzvorteile[65], z. B. bei einer übergreifenden Standardisierung von buchhalterischen Prozessen und ggf. einer Bündelung in so genannten Shared Service Centern[66] bzw. möglicherweise sogar dem Outsourcing einzelner Vorsysteme an externe Dienstleister.

Effizienzvorteile durch einheitliche Finanzsprache

---

[63] Siehe hierzu auch Heintges, Best Practice bei der Umstellung auf internationale Rechnungslegung, Der Betrieb, 56. Jg. (2003), S. 621–627. Zu den verschiedenen Optionen der Gestaltung der buchhalterischen Systeme auf Basis nationaler Vorschriften bzw. IFRS vgl. ausführlicher Weißenberger et al. (2003): IAS/IFRS: Quo vadis Unternehmensrechnung? Konsequenzen für die Unternehmensrechnung in deutschen Unternehmen. Advanced Controlling Band 31, Vallendar.

[64] Vgl. ausführlich hierzu Fleischer, Rolle des Controllings im Spannungsfeld internes und externes Reporting, in: Horváth (Hrsg.), Organisationsstrukturen und Geschäftsprozesse wirkungsvoll steuern, Stuttgart, 2005, S. 189–200, hier S. 198.

[65] So formuliert z. B. Henkel bezogen auf die Prozessstandardisierung und Ausgliederung in Shared Service Center umfangreiche Effizienzziele, u. a. aus der Verminderung von Eingangsrechnungen ohne Bestellbezug, aus der Automatisierung transaktionaler Prozesse, der Verminderung der Anzahl von Kostenstellen und Profit Center oder der Automatisierung von Fakturierungen und Zahlungen. Vgl. Köster, Vereinheitlichung der Finance & Accounting-Prozesse bei Henkel, in: Horváth (Hrsg.), Organisationsstrukturen und Geschäftsprozesse wirkungsvoll steuern, Stuttgart, 2005, S. 117–130, hier S. 129.

[66] Vgl. Krüger/Danner, Bündelung von Controllingfunktionen in Shared Service Centern, Zeitschrift für Controlling & Management, Sonderheft 2/2004 IFRS und Controlling, S. 110–118.

7.3.5 Organisation

Durch eine partiell integrierte Rechnungslegung entsteht – wie oben bereits kurz angesprochen – besonders in der Umstellungsphase ein erhöhter Analyse- und Kommentierungsbedarf aus dem Management an den Controllerbereich.

Zwar sind mittelfristig durch die einheitliche Finanzsprache eher Effizienzvorteile zu erwarten, kurzfristig steigen jedoch die Anforderungen an den Controllerbereich an dieser Stelle aus zwei Gründen an:

▷ Zum einen stellt die Umstellung auf IFRS-basierte Ergebnisgrößen für die durch die Controller vielfach durchgeführten Zeitreihenanalysen und -vergleiche einen Strukturbruch dar, der die Analysemöglichkeiten einschränkt.

▷ Zum anderen fällt es dem Management zunächst vielfach schwer, aus der veränderten Finanzsprache die betriebswirtschaftlich adäquaten Steuerungsimpulse herauszuziehen. Ursache sind typischerweise Verständnisprobleme und Interpretationsschwierigkeiten, die nur langsam abgebaut werden. Für Berichtsdurchsprachen und andere Kommunikationsprozesse mit dem Management sind von Controllerseite deshalb entsprechend die notwendigen Ressourcen einzuplanen.

Die Organisation des Controllerbereichs muss diese veränderte Aufgabenstellung jedoch nicht nur in der Ressourcen- bzw. Prozessplanung berücksichtigen. So ist eine enge personelle Kooperation mit der Bilanzierung erforderlich, um sicherzustellen, dass die verwendete IFRS-Datenbasis controllinggerecht in die interne Ergebnisrechnung einfließt. Dies bedeutet umgekehrt, dass der Controllerbereich darauf achten muss, dass die relevanten Controllingkenntnisse auch an die Bilanzierung weitergegeben werden. Denkbar ist, dass diese personelle Kooperation auch durch eine stärkere aufbauorganisatorische Zusammenführung von Bilanzierung und Controlling in einen gemeinsamen Bereich realisiert wird.[67]

---

[67] Vgl. hierzu bereits Bruns, Harmonisierung des externen und internen Rechnungswesens auf Basis internationaler Bilanzierungsvorschriften, in: Küting/Langenbucher (Hrsg.): Internationale Rechnungslegung, Stuttgart, 1999, S. 585–604, hier S. 601, der in diesem Zusammenhang vom ganzheitlichen „Business Advisor" spricht.

8 Fazit

Die Umstellung der Rechnungslegung auf IFRS beeinflusst Rollen und Aktionsfelder der Controller zur Umsetzung ihrer zentralen Aufgabe, die im IGC-Controllerleitbild als Gestaltung und Begleitung des Managementprozesses der Zielfindung, Planung und Steuerung zusammengefasst ist.

Neben ihren bisherigen Rollen als betriebswirtschaftlicher Berater des Managements bzw. als Methoden- und Systemdienstleister nehmen Controller unter IFRS eine neue Rolle als Informationsdienstleister für die IFRS-Bilanzierung ein. Insbesondere im Kontext des Management Approach müssen Controller verstärkt interne Informationen einer Zweitverwendung innerhalb der Bilanzierung zuführen; die Controller übernehmen damit in sehr viel größerem Umfang als unter HGB Mitverantwortung für die Darstellung des Unternehmens in der externen Finanzberichterstattung.

Management Approach

Gleichzeitig besteht die Möglichkeit, die aus ökonomischer Sicht aussagefähigen und damit für Steuerungszwecke grundsätzlich geeigneten IFRS-Größen auch als Grundlage der internen Ergebnisrechnung, d. h. in Form einer integrierten Rechnungslegung, zu nutzen, um die Abweichungen zwischen extern und intern kommunizierten Ergebnissen so weit wie möglich zu reduzieren.

Integrierte Rechnungslegung

Eine vollständige Integration erweist sich aus Controllingperspektive für Zwecke der Zielfindung, Planung und Steuerung jedoch als nicht sinnvoll. Aus diesem Grund wird eine partielle Integration der Rechnungslegung vorgeschlagen, die sich auf die obersten Hierarchieebenen beschränkt. Auf Produkt- bzw. Prozessebene wird dabei weiterhin mit eigenständigen internen Rechengrößen gearbeitet. Die unternehmensindividuellen Ausgestaltungsmuster einer solchen partiellen Integration sind kontextabhängig und lassen sich in Form eines Integrationspfads darstellen.

Vorschlag: Partielle Integration

Sowohl die Unterstützung der Finanzberichterstattung im Rahmen des Management Approach als auch die Umsetzung einer (partiell) integrierten Rechnungslegung machen Erweiterungs- bzw. Anpassungsmaßnahmen in den originären Aktionsfeldern Planung, Berichtswesen und Steuerung bzw. Performance Measurement sowie den derivativen Aktionsfeldern Gestaltung der Vorsysteme und Organisation des Controllerbereichs notwendig.

Die im Rahmen des vorliegenden Weißbuchs hierzu angestellten Überlegungen werden in Abbildung 13 noch einmal in einer Auswahl beispielhaft zusammengefasst. Sie sind bei der Neuaus-

Erweiterungs- und Anpassungsmaßnahmen

richtung von Controllerbereichen im Einzelfall jeweils auf ihre unternehmensindividuelle Relevanz hin zu überprüfen.

Die Vielzahl der Änderungen in den Aktionsfeldern des Controllers macht jedoch deutlich, dass eine deutliche Verschlankung des Controllerbereichs im Sinne eines „Lean Controlling" durch die Finanzberichterstattung nach IFRS nicht zu erwarten ist. Auch dem teilweise vertretenen Irrglauben, dass durch die Einführung einer IFRS-basierten Finanzberichterstattung und deren ökonomisch geprägte Perspektive die Controllerarbeit selbst auf Top-Managementebene obsolet werden könnte, wird an dieser Stelle widerlegt – im Gegenteil: Heute wie früher müssen Controller unverändert ihrer Aufgabe als Managementdienstleister in der Umsetzung einer controllinggerechten Unternehmensführung nachkommen.

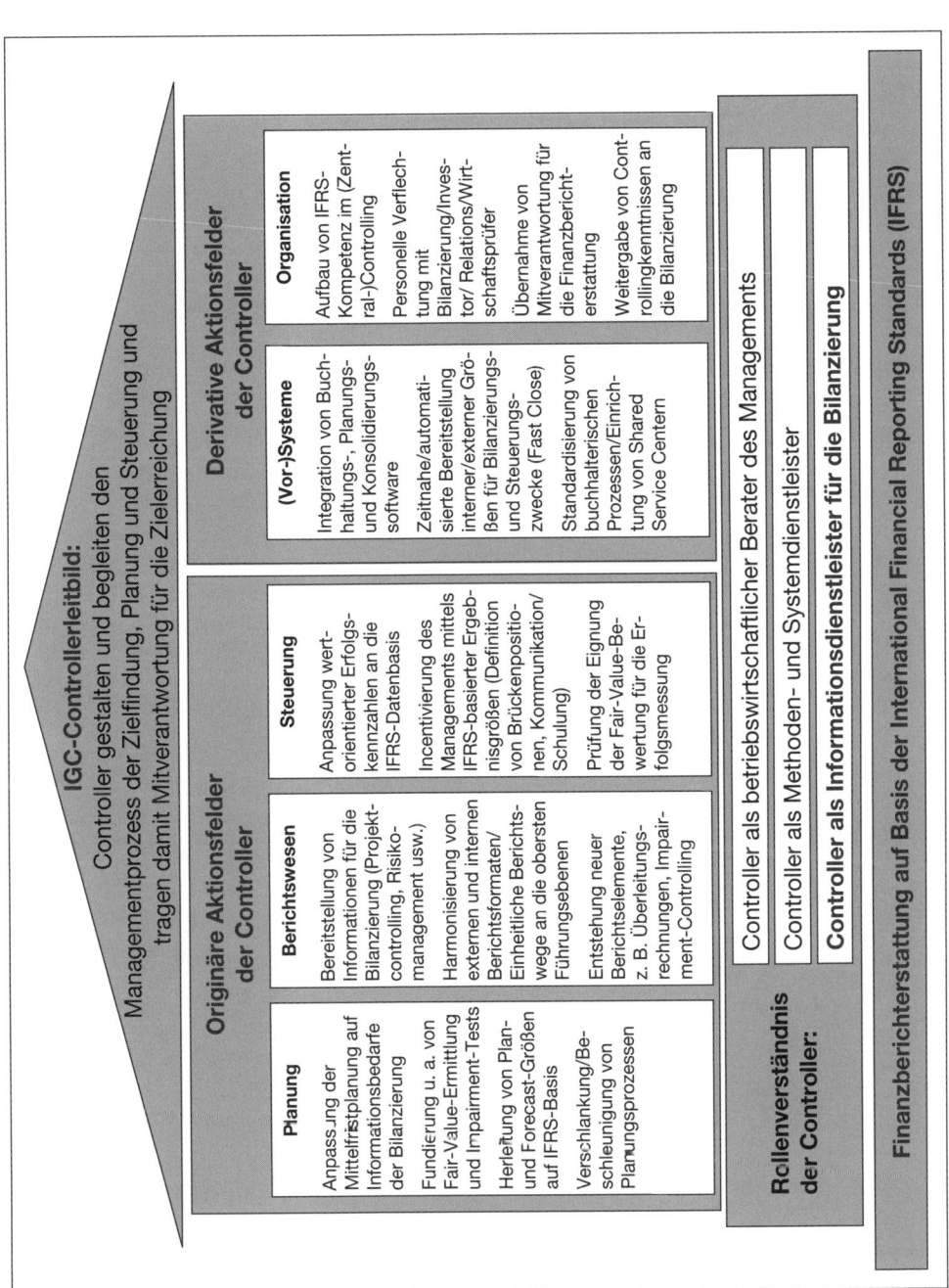

Abb. 13: Beispielhafte Übersicht über die Anpassungsmaßnahmen in den Aktionsfeldern des Controllers im Kontext einer Finanzberichterstattung nach IFRS

Anhang 1: Methodische Vorgehensweise zur Erarbeitung des Weißbuchs

Die Fundierung der Analysen und Positionen, die in dem vorliegenden Weißbuch vertreten werden, erfolgte mithilfe der Delphi-Methode. Diese in den 40er Jahren entwickelte und seitdem wissenschaftlich umfassend erarbeitete[68] Methodik wird in der Unternehmenspraxis vielfach vor allem zur Fundierung von strategischen Prognosen verwendet (Prognose-Delphi), sie kann jedoch auch zur Ideengenerierung und -bewertung (Entscheidungs-Delphi) oder – wie im vorliegenden Fall bei der Entwicklung von Leitlinien für die Neuausrichtung des Controllerbereichs unter IFRS – Problemanalyse und Herleitung von Elementen einer Lösungsstrategie (Policy-Delphi) genutzt werden.[69]

Vorgehen der Delphi-Methode

Formell werden bei Anwendung der Delphi-Methode Meinungsbilder einer Expertengruppe mittels eines anonymisierten, strukturierten und formalisierten Fragebogens erfasst und aggregiert. Im vorliegenden Fall wurden zu den verschiedenen themenrelevanten Aspekten Aussagen vorgegeben, die im ersten Schritt anhand einer fünfstufigen bzw. im späteren Verlauf auch anhand einer vierstufigen Likert-Skala bewertet wurden.

Charakteristisches Merkmal einer Delphi-Befragung ist ihre Mehrstufigkeit. Nach jeder Befragungsstufe erhalten die Teilnehmer eine Auswertung der vorangegangenen Stufe und spiegeln ihre individuelle Antwort am Gruppenurteil. Dabei haben sie die Möglichkeit, für die nächste Befragungsstufe ihr Urteil zu bestätigen oder anzupassen bzw. ergänzende Kommentare in die Diskussion einzubringen. Letzteres wird insbesondere dann erbeten, wenn die Meinung eines Experten im Sinne eines Extremurteils stark von der Gruppenmeinung abweicht.

Qualität des Gruppenurteils

Die Qualität des Gruppenurteils hängt gerade bei der Policy-Delphi weniger von der Gruppengröße ab, als von der Zusammensetzung der Expertengruppe. Aus diesem Grund wurde bei der Konstituierung der Arbeitsgruppe „Controller und IFRS" besonders darauf Wert gelegt, Vertreter unterschiedlichster Kompetenzgruppen mit einzubeziehen. Als Erfolg ist dabei auch zu werten, dass die Panelmortalität der Arbeitsgruppe über die gesamte Studie hinweg bei null lag, d.h. keiner der Experten ist während des Diskussionsprozesses aus der Arbeitsgruppe ausgeschieden.

---

[68] Vgl. grundlegend zur Delphi-Methode den von Linstone herausgegebenen Sammelband The Delphi method, Reading/Mass, 1975, hier zur Policy Delphi insbesondere S. 80ff.

[69] Vgl. Rauch, The Decision Delphi, Technological Forecasting and Social Change, Vol. 15. (1979), S. 159–169, hier S. 162f.

Idealerweise konvergiert das gesamte Meinungsbild nach mehreren Stufen zu einer einheitlichen Gruppenaussage, die bezogen auf den Diskussionsgegenstand informativer ist als die einfache Summe der Einzelurteile der Experten. Die Konvergenz der Gruppenaussage wird durch statistische Maße evaluiert. Im vorliegenden Fall wurde der Modalwert, der Median, das arithmetische Mittel und die Standardabweichung erhoben sowie die Anzahl der Antworten im obersten bzw. untersten Dezentil ermittelt.[70] Insgesamt sollten sowohl die über die Standardabweichung gemessene Divergenz der Antworten als auch die Anzahl der Extremurteile im Laufe des Befragungsprozesses abnehmen.

Vorteile der Delphi-Methode

Die Vorgehensweise der Delphi-Methode hat gegenüber einer persönlichen (face-to-face) Diskussion den Vorteil, dass nicht bekannt wird, welcher Experte wie geantwortet hat. Unerwünschte dysfunktionale Effekte einer Gruppendiskussion wie der Einfluss dominierender Persönlichkeiten, Gruppenzwänge oder Gesichtsverlust bei Meinungsrevision können damit vermieden werden. Es wird vielmehr eine unbeeinflusste Meinungsäußerung der Experten möglich, die zudem zeit- und kostensparend ist. Damit kann sich das mithilfe der Delphi-Methode entwickelte Urteil einer ausgewogen besetzten Expertengruppe in vielen Fällen gegenüber anderen Meinungsbildungsformen als überlegen erweisen.

Nachteile der Delphi-Methode

Ein gravierender Nachteil der Delphi-Methode besteht in der z. T. hohen Wiederholungsrate der Befragungsinhalte. Dies führt gerade im Vergleich zu einer Gruppendiskussion zu Schwerfälligkeit und Motivationsverlust bei den Experten, die dann möglicherweise aus dem Befragungsprozess ausscheiden (Panelmortalität). Zudem besteht die Gefahr, dass sich auch nach mehreren Runden die gewünschte Konvergenz im Expertenurteil nicht erreichen lässt.

Fazit für die vorliegende Untersuchung

Die genannten Nachteile konnten für die vorliegende Untersuchung jedoch vermieden werden. Bereits nach zwei Runden wurde ein ausreichend hohes Maß an Konvergenz innerhalb der IGC-Arbeitsgruppe „Controller und IFRS" bezüglich der Problemanalyse und der erforderlichen Lösungsansätze erreicht. Die Gesamtsicht wurde durch gemeinsame Diskussionen unter Einbeziehung des geschäftsführenden Ausschusses der IGC noch einmal abschließend validiert und diente so als Grundlage für die Verabschiedung des vorliegenden Weißbuchs durch den geschäftsführenden Ausschuss der IGC.

---

[70] Der Modalwert ist der Skalenwert einer Antwort, der von den Mitgliedern der Expertengruppe am häufigsten angekreuzt wurde. Er liefert eine erste Einschätzung über die Richtung des Expertenurteils. Der Median teilt die Häufigkeit der Antworten zu einer Aussage im Verhältnis von 50:50 und erlaubt eine Einschätzung des Schwerpunkts in der Meinungsbildung. Das arithmetische Mittel sowie die Standardabweichung zeigen die durchschnittliche Einschätzung zu einer Aussage und deren Divergenz innerhalb der Expertengruppe. Die Anzahl der Antworten im obersten bzw. untersten Dezentil gibt Auskunft über bestehende Extremurteile.

Anhang 2: Die IGC — International Group of Controlling

Die IGC – International Group of Controlling ist eine internationale Interessengemeinschaft von Institutionen und Unternehmen, die Controlling in der praktischen Anwendung und Weiterentwicklung fördern wollen. Sie hat die Form eines Vereins mit Sitz in der Schweiz und wurde 1995 gegründet.

Die IGC hat das Ziel, internationale Standards für zukunftsorientiertes Controlling und erfolgreiche Controllerarbeit zu setzen. Dies bedeutet im Einzelnen:

Ziele der IGC

▷ Profilierung des Berufs- und Rollenbildes des Controllers,
▷ Forum für fachlichen Meinungs- und Gedankenaustausch,
▷ Plattform für die Abstimmung und Weiterentwicklung einer übereinstimmend getragenen Controllingkonzeption sowie einer einheitlichen Controllingterminologie,
▷ Pflege der Schnittstellen zur Wissenschaft und themenverwandten Fachgebieten sowie
▷ Sicherung eines hohen Qualitätsstandards für die Ausbildungsprogramme der Mitglieder der IGC.

Die IGC arbeitet mithilfe von Ausschüssen, die konkrete Aufgabenstellungen bearbeiten. Die Geschäfte werden vom Geschäftsführenden Ausschuss in regelmäßigen Sitzungen geführt. In der jährlichen Vollversammlung aller Mitglieder werden neue Erkenntnisse und Resultate präsentiert und wesentliche Entscheidungen getroffen.

Die Mitglieder der IGC verpflichten sich, die Ziele der IGC zu akzeptieren und zu unterstützen. Folgende Institutionen können Mitglied der IGC werden:

Mitgliedsinstitutionen der IGC

▷ Controllervereinigungen,
▷ Weiterbildungsinstitutionen mit Angeboten im Bereich Controlling,
▷ Beratungsunternehmen mit dem Beratungsschwerpunkt Controlling,
▷ Softwareunternehmen mit umfassendem Controllingangebot,
▷ Forschungsinstitutionen auf dem Gebiet des Controllings,
▷ Unternehmen, die durch praktische beispielgebende Controllingkonzepte zur Fortentwicklung der Controllingthemen beitragen sowie
▷ sonstige Förderer der Ziele der IGC (Institutionen).

Literaturhinweise

Accenture (2002): Reporting Excellence, Frankfurt.

Arbeitskreis „Externe und interne Überwachung der Unternehmung" der Schmalenbach-Gesellschaft für Betriebswirtschaft: Auswirkungen des Sarbanes-Oxley-Act auf die interne und externe Unternehmensüberwachung. In: Der Betriebs-Berater, 59. Jg. (2004), S. 2399–2408.

Baetge, J./Beermann, T.: Die Bilanzierung von Vermögenswerten in der Bilanz nach International Accounting Standards und der dynamischen Bilanztheorie Schmalenbachs. In: Betriebswirtschaftliche Forschung und Praxis, 50. Jg. (1998), S. 154–168.

Bartelheimer, J./Kückelhaus, M./Wohlthat, A.: Auswirkungen des Impairment of Assets auf die interne Steuerung. In: Zeitschrift für Controlling & Management, Sonderheft 2/2004 IFRS und Controlling, S. 22–31.

Beißel, J./Steinke, K.-H.: Integriertes Reporting unter IFRS bei der Lufthansa. In: Zeitschrift für Controlling & Management, Sonderheft 2/2004 IFRS und Controlling, S. 63–71.

Bruns, H.-G.: Harmonisierung des externen und internen Rechnungswesens auf Basis internationaler Bilanzierungsvorschriften. In: Küting, K./Langenbucher, G. (Hrsg.): Internationale Rechnungslegung, Stuttgart, 1999, S. 585–604.

d'Arcy, A.: Aktuelle Entwicklungen in der Rechnungslegung und Auswirkungen auf das Controlling. In: Zeitschrift für Controlling & Management, Sonderheft 2/2004 IFRS und Controlling, S. 119–128.

Eggemann, G./Petry, M.: Fast Close – Verkürzung von Aufstellungs- und Veröffentlichungszeiten für Jahres- und Konzernabschlüsse. In: Der Betriebs-Berater, 57. Jg. (2002), S. 1635–1638.

Feldmayer, J./Zimmermann, A.: Software-gestützte, integrierte strategische Unternehmensplanung – dargestellt am Beispiel der Siemens AG. In: Hahn, D./Taylor, B. (Hrsg.): Strategische Unternehmungsplanung – Strategische Unternehmungsführung, Berlin, 2005, 9. Auflage, S. 249–266.

Fleischer, W.: Rolle des Controllings im Spannungsfeld internes und externes Reporting. In: Horváth, P. (Hrsg.): Organisationsstrukturen und Geschäftsprozesse wirkungsvoll steuern, Stuttgart, 2005, S. 189–200.

Franz, K.-P./Albert, H. (Hrsg.): Kostenrechnung im international vernetzten Konzern, zfbf-Sonderheft 49/2003.

Haller, A.: Zur Eignung der US-GAAP für Zwecke des internen Rechnungswesens. In: Controlling, 9. Jg. (1997), S. 270–277.

Haring, N./Prantner, R.: Konvergenz des Rechnungswesens – State-of-the-Art in Deutschland und Österreich. In: Controlling, 17. Jg. (2005), S. 147–154.

Hayn, S./Matena, S.: Prüfung des Value Reporting durch den Abschlussprüfer. In: Zeitschrift für Planung, 16. Jg. (2005), S. 425–449.

Heintges, S.: Best Practice bei der Umstellung auf internationale Rechnungslegung. In: Der Betrieb, 56. Jg. (2003), S. 621–627.

Horváth, P.: Controlling, München, 2003, 9. Auflage.

Horváth, P.: IFRS – Segen oder Fluch für die Controller?. In: Accounting, 5. Jg. (2005), Heft 12, S. 3–4.

International Group of Controlling (Hrsg.): Controller-Wörterbuch, Stuttgart, 2005, 3. Auflage.

Keitz, I. v./Stibi, B.: Rechnungslegung nach IAS/IFRS – auch ein Thema für den Mittelstand? In: Zeitschrift für kapitalmarktorientierte Rechnungslegung, 4. Jg. (2004), S. 423–430.

Hassler, R./Kerschbaumer, H. (Hrsg.): Praxisleitfaden zur internationalen Rechnungslegung (IFRS). Fallbeispiele, Musterabschluss, Anhangscheckliste, Wien, 2005, 3. Auflage.

Kirsch, H.: Informationsmanagement für den IFRS-Abschluss, München, 2005.

Köster, H.: Vereinheitlichung der Finance & Accounting-Prozesse bei Henkel. In: Horváth, P. (Hrsg.): Organisationsstrukturen und Geschäftsprozesse wirkungsvoll steuern, Stuttgart, 2005, S. 117–130.

Krimpmann, A.: Vom Gesamtkostenverfahren zum Umsatzkostenverfahren. In: Accounting, 5. Jg. (2005), Heft 5, S. 10–14.

Krüger, W./Danner, M.: Bündelung von Controllingfunktionen in Shared Service Centern. Zeitschrift für Controlling & Management, Sonderheft 2/2004 IFRS und Controlling, S. 110–118.

Kühne, M.: IASB diskutiert revolutionären Ansatz. In: Accounting, 5. Jg. (2005), Heft 6, S. 6–9.

Kümmel, G./Watterot, R.: Neue Entwicklungen im internationalen Konzerncontrolling am Beispiel Bosch. In: Horváth, P. (Hrsg.): Organisationsstrukturen und Geschäftsprozesse wirkungsvoll steuern, Stuttgart, 2005, S. 11–32.

Küting, K./Lorson, P.: Konvergenz von internem und externem Rechnungswesen: Anmerkungen zu Strategien und Konfliktfeldern. In: Die Wirtschaftsprüfung, 51. Jg. (1998), S. 483–492.

Lingnau, V./Jonen, A.: Konvergenz von internem und externem Rechnungswesen. Universität Kaiserslautern: Beiträge zur Controllingforschung Nr. 5/2004.

Linstone, H. A. (Hrsg.): The Delphi method. Techniques and Applications, Reading/Mass., 1975.

Lüdenbach, N./Hoffmann, W.-D. (Hrsg.): Haufe IFRS-Kommentar, Freiburg i. Br., 2005, 3. Auflage.

Lüdenbach, N.: IFRS. Der Ratgeber zur erfolgreichen Umstellung von HGB auf IFRS, Freiburg i. Br., 2005, 4. Auflage.

Mandler, U.: Der deutsche Mittelstand vor der IAS-Umstellung 2005, Herne, 2005.

Mayr, S.: Das Projekt zu NPAE – Aktueller Diskussionsstand bei IASB und BDI. In: Accounting, 5. Jg. (2005), Heft 6, S. 3–5.

Moussallem, S.: Optimierung des internen Berichtswesens. In: Accounting, 5. Jg. (2005), Heft 9, S. 11.

Pellens, B./Fülbier, R.-U./Gassen, J.: Internationale Rechnungslegung, Stuttgart, 2004, 5. Auflage.

Pfaff, D.: Kostenrechnung als Instrument der Entscheidungssteuerung: Chancen und Probleme. In: Kostenrechnungspraxis, 40. Jg. (1996), S. 151–156.

Pfläging, N.: Beyond Budgeting, Better Budgeting, Freiburg i. Br., 2004.

Rauch, W.: The Decision Delphi. In: Technological Forecasting and Social Change, 15. Jg. (1979), S. 159–169.

Sandt, J.: Kennzahlen für die Unternehmensführung. In: Zeitschrift für Controlling und Management, 47. Jg. (2003), S. 75–79.

Schultze, W./Hirsch, C.: Unternehmenswertsteigerung durch wertorientiertes Controlling. Goodwill-Bilanzierung in der Unternehmenssteuerung, München, 2005.

Trützschler, K./David, U./Strauch, J./Tomaszewski, C.: Unternehmensbewertung und Rechnungslegung von Akquisitionen. In: Zeitschrift für Planung, 16. Jg. (2005), S. 383–406.

Währisch, M.: Kostenrechnungspraxis in der deutschen Industrie – eine empirische Studie, Wiesbaden, 1998.

Wagenhofer, A.: Internationale Rechnungslegungsstandards, Frankfurt/Main, 2005, 5. Auflage.

Weißenberger, B.E.: Ergebnisrechnung nach IFRS und interne Performancemessung. Erscheint in: Wagenhofer (Hrsg.): Controlling und IFRS, Berlin, 2006.

Weißenberger, B. E./Blome, M.: Wertorientierte Kennzahlen unter IFRS: Fair Value-Bewertung nach IFRS: Chancen und Risiken für die wertorientierte Steuerung mittels EVA. In: Accounting, 5. Jg. (2005), Heft 8, S. 11–15.

Weißenberger, B.E./Haas, C.: IAS/IFRS: Der Veränderungsbedarf in Unternehmensrechnung und Controlling. In: Der Controlling-Berater, 2003, Heft 7, S. 49–78.

Weißenberger, B.E./Haas, C.: Neuausrichtung der Interpretationsfunktion des Controllings. In: Zeitschrift für Controlling & Management, Sonderheft 2/2004 IFRS und Controlling, S. 54–62.

Weißenberger, B. E./Stahl, A. B./Vorstius, S.: Changing from German GAAP to IFRS or US-GAAP: A Survey of German Companies. In: Accounting in Europe, Vol. 1 (2004), S. 169–189.

Weißenberger, B. E./Weber, J./Löbig, M./Haas, C.: IAS/IFRS: Quo vadis Unternehmensrechnung? Konsequenzen für die Unternehmensrechnung in deutschen Unternehmen. Advanced Controlling Band 31, Vallendar, 2003.

Weber, J.: Kostenrechnung zwischen Entscheidungs- und Verhaltensorientierung. In: Kostenrechnungspraxis, 38. Jg. (1994), S. 99–104.

Wussow, S.: Harmonisierung des internen und externen Rechnungswesens mittels IAS/IFRS unter Berücksichtigung der wertorientierten Unternehmenssteuerung, München, 2004.

Ziegler, H.: Neuorientierung des internen Rechnungswesens für das Unternehmens-Controlling im Hause Siemens. In: Schmalenbachs Zeitschrift für betriebswirtschaftliche Forschung, 46. Jg. (1994), S. 175–188.

Stichwortverzeichnis

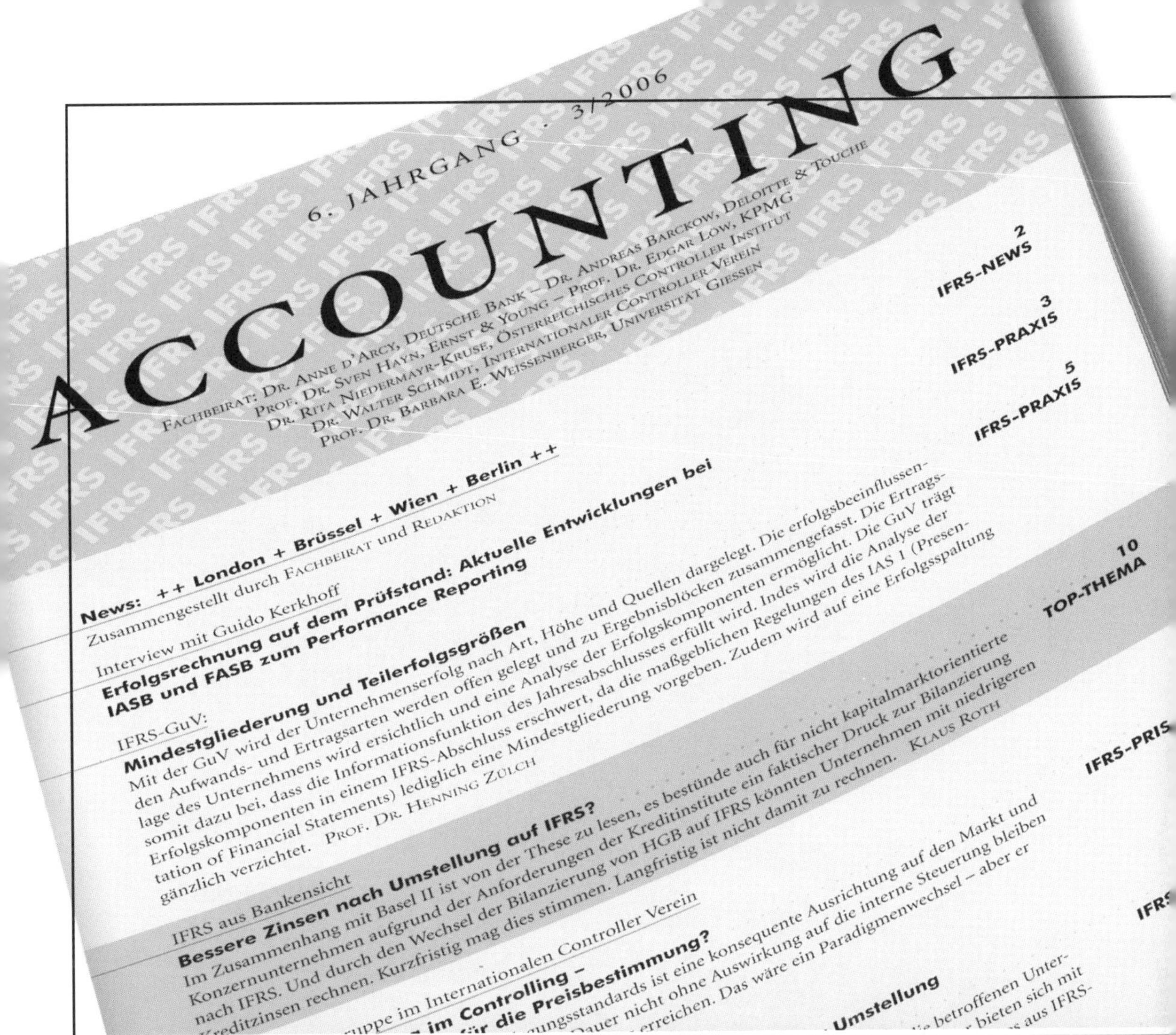

ACCOUNTING

6. JAHRGANG · 3/2006

FACHBEIRAT: DR. ANNE D'ARCY, DEUTSCHE BANK – DR. ANDREAS BARCKOW, DELOITTE & TOUCHE
PROF. DR. SVEN HAYN, ERNST & YOUNG – PROF. DR. EDGAR LÖW, KPMG
DR. RITA NIEDERMAYR-KRUSE, ÖSTERREICHISCHES CONTROLLER INSTITUT
DR. WALTER SCHMIDT, INTERNATIONALER CONTROLLER VEREIN
PROF. DR. BARBARA E. WEISSENBERGER, UNIVERSITÄT GIESSEN

News: ++ London + Brüssel + Wien + Berlin ++ — IFRS-NEWS 2
Zusammengestellt durch FACHBEIRAT und REDAKTION

Interview mit Guido Kerkhoff — IFRS-PRAXIS 3
Erfolgsrechnung auf dem Prüfstand: Aktuelle Entwicklungen bei IASB und FASB zum Performance Reporting — IFRS-PRAXIS 5

IFRS-GuV: — TOP-THEMA 10
Mindestgliederung und Teilerfolgsgrößen
Mit der GuV wird der Unternehmenserfolg nach Art, Höhe und Quellen dargelegt. Die erfolgsbeeinflussenden Aufwands- und Ertragsarten werden offen gelegt und zu Ergebnisblöcken zusammengefasst. Die Ertragslage des Unternehmens wird ersichtlich und eine Analyse der Erfolgskomponenten ermöglicht. Die GuV trägt somit dazu bei, dass die Informationsfunktion des Jahresabschlusses erfüllt wird. Indes wird die Analyse der Erfolgskomponenten in einem IFRS-Abschluss erschwert, da die maßgeblichen Regelungen des IAS 1 (Presentation of Financial Statements) lediglich eine Mindestgliederung vorgeben. Zudem wird auf eine Erfolgsspaltung gänzlich verzichtet. PROF. DR. HENNING ZÜLCH

IFRS aus Bankensicht
Bessere Zinsen nach Umstellung auf IFRS?
Im Zusammenhang mit Basel II ist von der These zu lesen, es bestünde auch für nicht kapitalmarktorientierte Konzernunternehmen aufgrund der Anforderungen der Kreditinstitute ein faktischer Druck zur Bilanzierung nach IFRS. Und durch den Wechsel der Bilanzierung von HGB auf IFRS könnten Unternehmen mit niedrigeren Kreditzinsen rechnen. Kurzfristig mag dies stimmen. Langfristig ist nicht damit zu rechnen. KLAUS ROTH

Accounting
12 Ausgaben/Jahr
Bestell-Nr. A01017VJ
Jahrespreis € 98,–/Jahr

Die Zeitschrift für IFRS

Die 16-seitige Zeitschrift „Accounting" informiert Sie über die IFRS und deren konkrete Auswirkungen im Unternehmen. Standpunkte von Meinungsführern, die Bedeutung der IFRS für die verschiedenen Unternehmensbereiche oder die klassische IFRS-Anwendung – in „Accounting" erfahren Sie kurz und präzise alles, was Sie zu den IFRS wissen müssen.

Jetzt 4 Wochen kostenlos testen! ☎ 0180-55 55 813 (12 Cent pro Min.) @ bestellung@haufe.de

Gleich informieren unter www.haufe.de

Haufe
Um Ideen voraus.

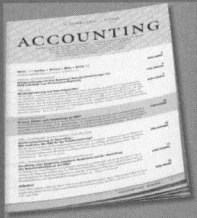

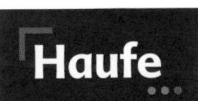

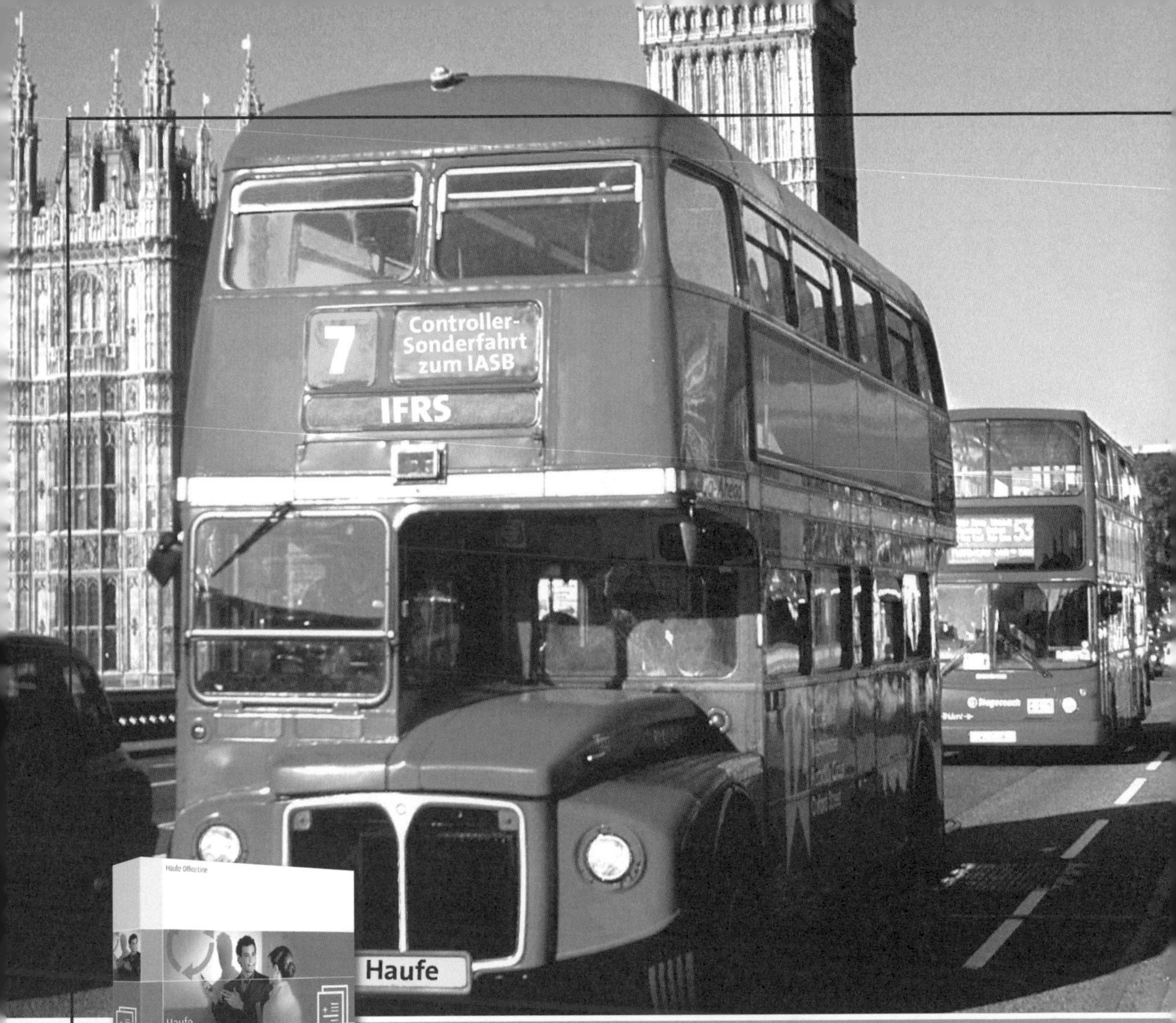
7
Controller-
Sonderfahrt
zum IASB
IFRS
Haufe

Haufe
ControllingOffice
Das umfassende Informationssystem für strategisches und operatives Controlling
Haufe

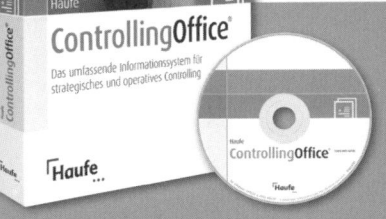

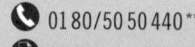